技术技能型人才的
职业发展研究

钟 鑫/著

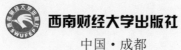西南财经大学出版社

中国·成都

图书在版编目(CIP)数据

技术技能型人才的职业发展研究/钟鑫著.—成都:西南财经大学出版社,
2023.9
ISBN 978-7-5504-5939-7

Ⅰ.①技…　Ⅱ.①钟…　Ⅲ.①人才培养—研究—中国　Ⅳ.①C964.2

中国国家版本馆 CIP 数据核字(2023)第 175776 号

技术技能型人才的职业发展研究
JISHU JINENGXING RENCAI DE ZHIYE FAZHAN YANJIU

钟　鑫　著

责任编辑:李特军
责任校对:冯　雪
封面设计:墨创文化
责任印制:朱曼丽

出版发行	西南财经大学出版社(四川省成都市光华村街55号)
网　　址	http://cbs.swufe.edu.cn
电子邮件	bookcj@swufe.edu.cn
邮政编码	610074
电　　话	028-87353785
照　　排	四川胜翔数码印务设计有限公司
印　　刷	成都市火炬印务有限公司
成品尺寸	170mm×240mm
印　　张	14.75
字　　数	269 千字
版　　次	2023 年 9 月第 1 版
印　　次	2023 年 9 月第 1 次印刷
书　　号	ISBN 978-7-5504-5939-7
定　　价	78.00 元

前言

习近平总书记对我国技能选手在第 45 届世界技能大赛上取得佳绩作出了重要指示，劳动者素质对一个国家、一个民族发展至关重要。技术工人队伍是支撑中国制造、中国创造的重要基础，对推动经济高质量发展具有重要作用。我们要健全技能型人才培养、使用、评价、激励制度，大力发展技工教育，大规模开展职业技能培训，加快培养大批高素质劳动者和技术技能型人才，在全社会弘扬精益求精的工匠精神，激励广大青年走技能成才、技能报国之路。

随着科技的持续进步，我国对技术技能型人才的需求不断增加，但供给不足。大力培养技术技能型人才，促进其职业发展，可以缓解人才短缺问题，满足各领域的人才需求，推动各行业健康发展。培养技术技能型人才还有助于提升整体劳动力素质，使劳动者更具竞争力。

高质量的技术技能型人才培养不仅能够创造更多就业机会，帮助年轻人和职业转型者找到合适的职位，还有助于提升产业竞争力，引导产业向更高附加值、更具创新性的方向发展，设计并推出具有竞争力的产品和服务。产业竞争力的提升能够吸引投资、促进出口，从而提升国家的经济地位。技术技能型人才是创新的关键推动者，他们具备将创意转化为实际应用的能力，能够开发新技术、新产品和新服务，推动产业升级和创新。培养更多更优秀的技术技能型人才，能为经济创造更多增长契机，实现经济的持续发展。

第一，技术技能型人才是经济社会进步的"推力"。

首先，创新和技术进步。技术技能型人才是创新的主要驱动力之一。他们在不同领域的专业知识和技能使得他们能够探索新的想法、设计新的产品和提出解决现有问题的创新方法。将技术和创意结合，技术技能型人才能够推动新技术、新产品和新服务的发展，从而开辟新的市场和获得新的商业机会。他们在研究、实验、开发和实施阶段的投入，为经济增长和社会进步带来了持续的动力。

其次，产业升级和转型。随着科技的不断进步，产业的发展也需要不断升级和转型。技术技能型人才在这个过程中发挥着关键作用。他们能够引导产业朝着更高附加值、不断创新的方向发展。通过引入新的技术、生产流程和商业模式，他们可以使传统产业焕发新的生命力。例如，制造业可以通过智能制造技术实现自动化、数字化和智能化，从而提升产业的竞争力。

最后，劳动生产率提升。技术技能型人才在提高劳动生产率方面具有重要作用。他们能够应用先进的技术和工具来优化生产流程，减少生产成本，提高生产效率。通过自动化、机器人技术和数据分析等手段，他们能够完成过去需要大量人力和时间才能完成的任务。这不仅使得企业能够更高效地生产，而且还为企业创造了更大的附加值。劳动生产率的提升有助于经济的增长，以及释放出更多的资源用于创新和发展。

综上所述，技术技能型人才在创新、产业升级、劳动生产率提升等方面的贡献不可低估。他们通过不断地探索和创造、应用新的技术，推动经济的发展和社会的进步。他们是实现可持续增长和创造更好未来的重要力量。

第二，技术技能型人才是产业高质量发展的"拉力"。

首先，技术技能型人才是促进农业生产现代化的重要力量。大力培养技术技能型人才，可以为一产（农业、农村）产业带来强大的发展动力，推进乡村振兴战略，促进农村经济的现代化、可持续化和多元化发展。这一系列举措不仅有助于提高农产品质量和农民收入，而且为农村居民改善生活质量奠定了坚实基础。一是促进现代农业生产。技术技能型人才具备农业技术、种植知识和操作先进设备的专业能力，可以推动农业现代化，提高农作物的产量和品质。通过应用精准农业技术、远程监控等手段，技术技能型人才能够实现农田的精细化管理，从而提高农业生产效益。二是农产品加工和附加值提升。技术技能型人才可以引导农村地区开展农产品的加工和深加工。他们可以创新农产品加工工艺，开发高附加值的农副产品，推动农产品从原始状态到加工产品的转变。这有助于提高农产品的附加值，增加农民收入。三是节水灌溉与资源可持续利用。在农业领域，节水灌溉和资源可持续利用是关键问题。技术技能型人才能够应用新型节水灌溉技术，有效利用有限的水资源。他们还可以推动农业废弃物的资源化利用，如生物质能源利用和有机肥料制备，实现农业的可持续发展。四是乡村旅游和农村经济多元化。技术技能型人才可以在农村地区引入乡村旅游和其他农村经济多元化的发展模式。他们可以设计、开发和维护乡村旅游项目，吸引游客，推动农村旅游业的发展。此外，技术技能型人才还可以推动农村电商、农产品电商平台的建设，扩大农产品销售渠道，提高农民收入。五是农村基础设施和数字化发展。技术技能型人才可以推动农村基础设施和数字化发展。他们可以设计和实施农村基础设施建设，提高农村地区的基础设施水平。同时，技术技能型人才还可以引入数字化技术，推动农村电子商务、远程医疗和在线教育等领域的发展，提升农村地区的服务水平。

其次，技术技能型人才是实施新型工业化战略的核心力量。新型工业化强调高质量、高效率、可持续发展，这正是技术技能型人才所具备的特质。他们可以在推动产业结构优化、资源利用高效化等方面发挥积极作用，促进经济可持续发展。一是创新驱动发展。新型工业化强调创新驱动，培养技术技能型人才有助于推动创新。这些人才能够将前沿科技和实际制造相结合，推动技术创新和产品研发。他们可以应用新技术、新材料，开发新产品和新工艺，从而推动产业链的升级和价值链的提升。二是提升产业附加值。技术技能型人才可以在生产过程中提高产品附加值。他们具备优化生产流程、提高生产效率的能力，即通过引入先进的制造技术和自动化设备，实现生产的智能化和高效化。这有助于提高产品的质量和附加值，推动产业实现从低端到高端的跃升。三是优化产业结构。培养技术技能型人才有助于实现产业结构优化。他们能够根据市场需求和技术趋势，引导企业向高附加值、高技术含量的领域转型升级；通过推动产业结构的优化，提高整个产业的竞争力和创新能力。四是推动数字化转型。新型工业化强调数字化转型，技术技能型人才可以在这一过程中发挥重要作用。他们能够应用工业互联网、物联网等技术，实现生产过程的数字化和智能化。通过数据分析和实时监控，技术技能型人才可以提高生产效率、降低成本，推动企业向数字化制造迈进。五是提升制造业国际竞争力。技术技能型人才的培养有助于提升我国制造业的国际竞争力。通过掌握先进的制造技术和工艺，我国制造业能够在全球市场上拥有更强的竞争力。技术技能型人才的培养将推动我国制造业不断迈向国际舞台的中心。

最后，技术技能型人才是推动服务业高质量发展的关键力量。技术技能型人才在服务业中的作用和影响不限于技术的应用，还涉及服务模式的创新、质量的提升，以及与其他领域的跨界合作。通过这些方式，他们能够推动服务业朝着高智能化、高效率、高附加值的方向发展，为用户提供更便捷、个性化和有创意的服务体验。一是创新服务模式。技术技能型人才通过创新服务模式，为服务业带来了新的发展机遇。他们能够运用信息技术、互联网思维等，打破传统服务的界限，推出全新的服务方式。例如，智能家居技术的应用使得家政服务更加智能化和便捷化，无人机和无人车技术的发展推动了物流和配送服务的革新。技术技能型人才的创新思维有助于探索服务领域的新空间，提供更多元化、个性化的选择。二是提升服务质量。技术技能型人才在提升服务质量方面具有显著作用。他们可以应用大数据分析，从海量数据中挖掘出用户消费趋势和偏好，从而优化服务流程，提高服务质量。举例来说，餐饮行业能够通过技术技能型人才的数据分析，预测消费高峰和低谷，合理安排人员和食材，提升顾客用餐体验。同时，技术技能型人才还能够引入人工智能、机器学习等技术，打造智能客服系统，提供高效的问题解决方案，进一步增强服务的可靠性和便捷性。三是跨界合作创新。技术技能型人才的跨界合作创新在服务业中扮演着桥梁的角色。他们不仅具备技术领域的知识，还能够与其他行业进行合作，创造出独特的跨界服务。例如，文化创意产业与旅游业的合作，通过技术手段实现了文化体验和旅游服务的融合。技术技能型人才能够将信息技术、设计思维等引入传统行业，创造出更具创意和趣味性的服务。这种跨界合作不仅丰富了服务的形式，还有助于提升服务业的综合竞争力。四是数字化转型。技术技能型人才在服务业数字化转型中扮演着推动者的角色。他们能够引入信息技术、数据分析等工具，实现服务流程的数字化和自动化。例如，在医疗服务中，技术技能型人才可以开发电子健康档案系统，实现医疗信息的数字化存储和共享，提升医疗服务的效率和质量。在教育服务领域，技术技能型人才可以创新打造在线教育平台，提供便捷的学习资源和互动方式，满足学生的个性化需求。数字化转型不仅提升了服务的便捷性，还为服务业的精细管理提供了强有力的工具。

第三，技术技能型人才职业发展研究的意义。

首先，理论意义。技术技能型人才职业发展研究对职业发展理论有丰富和完善的作用，即通过指导个人职业规划和发展，对推动教育培训创新以及为国家人才政策制定和社会发展提供有益启示，具有深远的理论意义。深入研究技术技能型人才职业发展，可以更好地促进个人、组织和社会的持续进步和发展。

（1）丰富职业发展理论体系。技术技能型人才职业发展研究可以为现有的职业发展理论提供丰富的案例和实证，从而拓展和丰富职业发展理论体系。传统职业发展理论主要聚焦于知识型和管理型人才,而技术技能型人才在实际操作和技术应用方面具有独特性。深入研究技术技能型人才的职业发展路径、转变和成长,可以丰富职业发展理论,使其更全面、更适用。

(2)揭示不同领域职业发展规律。技术技能型人才涵盖了各个行业,他们的职业发展规律可能因领域差异而不同。研究技术技能型人才的职业发展,有助于深入了解不同行业的特点,揭示不同领域的职业发展趋势和面临的挑战。这可以帮助调整不同领域的人才培养和发展策略,提高职业发展的预测性和有效性。

(3)指导职业发展规划与咨询。技术技能型人才职业发展研究为个人提供了更准确的发展路径和策略指导。通过研究可以揭示技术技能型人才在职业生涯中可能面临的机遇和挑战,帮助他们更好地制定职业规划和发展目标。同时,对职业发展的理论探讨也能够为职业咨询提供有力的支持,为个人提供更具针对性的职业建议。

(4)推动教育和培训创新。技术技能型人才职业发展研究对教育和培训的创新具有积极意义。了解技术技能型人才在职业发展中需要具备的技能、知识和能力,可以为培训机构提供指导,设计更贴近实际需求的培训课程。这有助于提高培训的实用性和效果,更好地培养适应市场需求的技术技能型人才。

(5)推动社会发展和人才政策制定。技术技能型人才在现代社会中具有重要地位,他们的职业发展状况直接关系到国家的产业结构、创新能力和国际竞争力。通过研究技术技能型人才的职业发展,政府和相关部门可以更准确地了解人才的需求和供给状况,有针对性地制定人才政策,推动社会、经济和科技的发展。

其次,现实意义。技术技能型人才职业发展研究的现实意义在于指导人才供需匹配,推动产业升级和创新,维护社会稳定和可持续发展,优化人才培养政策,以及促进人才创新和社会进步。通过研究技术技能型人才的职业发展，可以更好地引导个人、组织和社会的持续发展。

（1）人才供需匹配与市场稳定。技术技能型人才是现代社会各个行业不可或缺的关键力量。深入研究技术技能型人才在各行各业的发展需求和趋势，可以帮助政府和企业更准确地预测人才供需，有效解决人才短缺问题，减少用人难题。这有助于保持市场稳定，防止因人才供应不足而造成生产停滞和经济不稳定。

（2）产业升级与创新驱动。技术技能型人才是产业升级和创新驱动的中坚力量。深入研究技术技能型人才的职业发展路径和成就，可以帮助政府和企业更好地布局创新领域，优化产业结构，推动新技术、新产品和新服务的开发。这对于实现经济增长方式的转型，提高产业附加值和国家竞争力具有重要意义。

（3）社会稳定与可持续发展。技术技能型人才的职业发展状况直接关系到社会的稳定和可持续发展。研究技术技能型人才在不同领域的就业机会、薪酬水平和职业前景，有助于预测社会的稳定程度，为社会政策制定提供依据。提供合适的职业发展路径和机会，可以减少社会不稳定因素，促进社会的平稳发展。

（4）人才培养政策优化。技术技能型人才的培养需要针对性的教育和培训政策。深入研究技术技能型人才的职业需求和发展趋势，可以指导教育机构和培训机构优化培训方案，更好地满足市场需求。这有助于培养更加符合实际需要的技术技能型人才，提高人才培养的有效性和效率。

（5）推动人才创新和社会进步。技术技能型人才的职业发展研究有助于推动人才的创新能力和社会进步。了解他们在实际应用中的创新成就和实践经验，可以为其他从业者提供有益的启示和参考。这有助于在社会各个领域培养创新人才，推动科技进步和社会发展。

（6）指导人才政策制定。深入研究技术技能型人才的职业发展，可以为政府提供制定人才政策的依据。政府可以通过了解技术技能型人才的需求和趋势，制定更加精准的人才培养和引进政策。这有助于提高政策的针对性和实效性，更好地满足国家的人才需求。

第四，技术技能型人才职业发展的主要研究内容。

首先，技术技能型人才职业发展与经济社会环境的关系。技术技能型人才与社会经济环境之间的关系是紧密相连的。他们在全球价值链、产业发展、未来经济规划等方面都扮演着至关重要的角色。

（1）全球价值链重塑（第一章）。新发展格局下，技术技能型人才在全球价值链中的地位日益重要。随着全球化和科技进步，产业的价值链正在发生重大变化。技术技能型人才在生产、创新、质量控制等环节发挥着越来越重要的作用。他们的能力影响着产品和服务的质量、效率和创新水平。本章以全球价值链重塑为研究背景，系统分析我国产业发展现状及存在的问题和技术技能型人才培养现状，试图以问破题，找出技术技能型人才的培养和发展与全球价值链重塑现状下我国产业竞争力的关系。

（2）未来经济研判与规划（第二章）。技术技能型人才的培养、职业发展与未来经济紧密相连。政府和企业需要了解哪些领域的技术技能型人才的需求将持续增长，他们需要了解哪些技术将在未来引领市场，从而调整人才培养计划。同时，技术技能型人才的发展也影响着未来劳动力市场的供需平衡和就业结构。技术技能型人才不仅可以推动产业升级，提高就业质量和收入水平，而且可以助力农业现代化，促进乡村振兴。技术技能型人才在不同地区的培养和分配，直接关系到区域间的经济差距和社会稳定。同时，技术技能型人才在可持续发展和环境保护方面发挥着重要作用。他们可以开发环保技术、推动绿色生产，推进低碳经济和可持续发展。

（3）技术技能型人才是推动产业发展和创新的基础（第三章）。产业发展带动技术技能型人才的巨大需求，两者紧密、精准匹配是经济高质量发展的重要基础。技术技能型人才能够将科技知识转化为实际应用，引领新技术、新工艺的采纳和应用。随着新技术的涌现，技术技能型人才的作用愈加凸显，他们在数字化、人工智能、生物技术等领域的专业知识和实践经验将对产业的未来发展方向产生深远影响。

其次，技术技能型人才的国内政策法规和国外经验与其职业发展具有密切关系。国内政策法规的制定和实施能够引导技术技能型人才的培养和职业路径，国外经验的借鉴和合作交流可以丰富发展理念和路径。这些方面的努力有助于推动技术技能型人才在不断变化的社会经济环境中实现持续发展。

（1）国内政策法规引领职业发展（第四章）。制定和实施有针对性的政策可以鼓励年轻人选择技术技能教育，提供优质培训资源，即通过推出奖学金、补贴、培训补助等政策，促进技术技能型人才的成长。政府和组织还可以制定职业发展路径，为技术技能型人才提供明确的晋升通道。例如，设立技工学院、职业技术培训机构，为技术技能型人才提供不同层次的培训，使技术技能型人才可以从初级职位逐步晋升至高级职位。这些丰富的职业发展路径可以激励技术技能型人才不断学习和提升自己的能力。

（2）国外经验提供有效借鉴（第五章）。不同国家在技术技能型人才培养和职业发展方面都有各自的经验和做法。通过学习和借鉴其他国家的成功经验，可以为本国的技术技能型人才培养和职业发展提供有益的参考。例如，德国的"双元制"培训模式在技术技能型人才培养方面取得了显著成就，这种模式将理论学习与实际工作相结合，为学生提供了实践经验和职业技能。

再次，对技术技能型人才的职业认同与职业发展研究表明，职业认同通常是职业发展的基础和动力，职业认同可以激发个体追求更高的目标。个体对自己的职业充满认同感，会更有动力投入职业发展，追求更高的职业目标，不断提升技能和知识。同时，职业发展可以促进职业认同，这是因为在个体的职业生涯中，随着不断地成长、进步和取得成就，个体更容易对自己所从事的职业产生认同感。这种认同感是建立在个体在职业发展过程中所获得的积极体验和满足感上的。

（1）职业认同研究（第六章）。技术技能型人才的职业认同是关于他们如何看待、感受和融入自己所从事的技术领域或职业的综合体现。它不仅仅是对工作的一种态度，还与个体的价值观、身份认知、情感体验以及社会互动有关。本章通过实证研究方法对技术技能型人才的职业认同进行讨论。此次调查研究共收集问卷 1 752 份，受访者主要为技师学校、中职、高职的在校生、毕业生。该调查以职业核心素养培养及需求为研究出发点，在访谈过程中让访谈对象描述其对技术技能专业、技术技能职业、企业环境等方面的要求，旨在提升技术技能型学生的职业认同感。

（2）职业发展研究（第七章）。技术技能型人才的职业发展是指个体在其从事的技术领域或职业中，通过学习、经验积累和不断提升技能，实现个人和职业目标的过程。本章通过实证研究方法对技术技能型人才的职业发展进行讨论，此次调查研究共收集 400 份有效问卷。该问卷从职业发展满意度、工作环境不确定性、工作满意、职业能力可雇佣性、外部支持、职业认同六大方面进行系统的调查研究，提出优化技术技能型人才职业发展的对策建议。

最后，技术技能型人才职业发展的展望（第八章）。本章从国家、组织、个体三个层面阐述技术技能型人才职业发展的价值与意义，并对未来职业教育的变革做了反思。

总之，由于个人能力、时间等因素影响，本书难免有诸多不足，还望各位同行、专家批评指正。

钟鑫

2023 年 3 月

目录

第一章　技术技能型人才与全球价值链重塑 / 1

第一节　当前时代背景 / 1

第二节　全球价值链重构 / 4

第三节　重构全球价值链的趋势来源 / 9

第四节　我国产业发展现状及存在问题 / 14

第五节　技术技能型人才培养现状 / 19

第二章　技术技能型人才与四川经济发展 / 24

第一节　四川经济发展面临的时代背景 / 24

第二节　四川经济发展面临的机遇与挑战 / 28

第三节　四川经济发展面临的形势研判 / 41

第三章　技术技能型人才与产业发展 / 62

第一节　产业发展对技术技能型人才的影响 / 62

第二节　职业教育与产业发展匹配逻辑 / 66

第三节　技术技能型人才培养与产业发展匹配 / 74

第四章　技术技能型人才的国内发展现状 / 84

第一节　习近平总书记对技术技能型人才的重要指示精神 / 84

第二节　当前我国技术技能型人才的发展特点 / 90

第三节　技术技能型人才工作模式变化 / 94

第四节　当前我国技术技能型人才的发展政策 / 98

第五节　当前我国技术技能型人才的典型经验 / 101

第六节　促进我国技术技能型人才队伍发展的对策建议 / 104

第五章　技术技能型人才的国外经验借鉴 / 111

第一节　美国技术技能型人才经验借鉴 / 111

第二节　英国技术技能型人才经验借鉴 / 115

第三节　德国技术技能型人才经验借鉴 / 117

第四节　日本技术技能型人才经验借鉴 / 122

第五节　瑞士技术技能型人才经验借鉴 / 125

第六节　芬兰技术技能型人才经验借鉴 / 127

第六章　技术技能型人才与职业认同 / 130

第一节　研究背景 / 130

第二节　职业认同的研究设计 / 131

第三节　研究结论与启示 / 140

第七章　技术技能型人才与职业发展 / 150

第一节　研究背景 / 150

第二节　研究目的与意义 / 152

第三节　研究方法与数据收集 / 154

第四节　调查结果统计分析 / 156

第五节　研究结论 / 177

第八章　研究展望 / 184

参考文献 / 188

附录一：技术技能型人才职业认同调查问卷 / 198

附录二：技术技能型人才职业发展调查问卷 / 202

附录三：关于技术技能型人才的重要政策 / 206

第一章 技术技能型人才与全球价值链重塑

随着全球化和科技进步，产业价值链正在发生深刻变革，从传统的线性价值链向更为复杂的全球价值链转变。技术技能型人才在这一变革中扮演着重要的角色。同时全球价值链的重塑也对技术技能型人才提出了更高的要求。本章将技术技能型人才的研究议题放在全球价值链重塑的时代背景下具有较强的现实意义。在当前立足新发展阶段、贯彻新发展理念和构建新发展格局的关键战略节点，大力发展职业教育、促进技术技能型人才培养，是加快建设制造强国、教育强国、科技强国的重要基础和根本诉求。

第一节 当前时代背景

当前全球政治经济秩序加快转型，大国关系出现转折性转变，新的科技革命与产业变革使传统生产方式、社会结构与生活方式发生变化，世界正面临着百年不遇的巨大变局。

首先，全球秩序正处于深刻调整之中。随着各国政治和经济实力的此消彼长，国际体系和世界力量对比呈现出"东升西降""新升老降"的态势。从冷战时期至今，大国之间围绕着主导权问题展开了长期而激烈的较量，地区安全环境更加复杂多样。随着新兴力量的快速崛起，地缘矛盾凸显。1648 年欧洲爆发"三十年战争"后，以西方国家为主导建立起来的威斯特伐利亚体系结构，经过近四百年的发展，面临着越来越多的挑战。近几十年来，受新兴经济体与发展中国家群体性崛起影响，世界主导权呈现出转移扩散的趋势，世界格局朝着多极化方向发展。欧洲与亚太地区的快速崛起，对美国的世界主导权形成了挑战，越来越多的美国盟国朝着自主发展的道路前行，"美国优先"的意识形态逐渐被国际利益至上的信念所取代。新的全球政治经济生态体系正在形成。

其次，大国关系中的中美关系出现了转折性变化，一些新情况、新问题和新的挑战正在改变两国之间相处的关系与模式。2019 年，中国国内生产总值（GDP）为 14.4 万亿美元，约为美国的 67%，位居世界第二，而在工业总产值方面，则已经超过美国为全球第一。回看历史，GDP 达到美国的六成是一道红线——苏联和日本的 GDP 超过美国 60% 后，美国对它们都加大了遏制力度，这与追赶者的意识形态、政治制度或是否"韬光养晦"并无直接关系。同时，2008 年以来，以美国为代表的西方国家受金融危机影响，经济减速、政治动荡、社会撕裂更趋明显，民族宗教问题频发，美国越来越倾向于向外转移矛盾。受中国经济总量的快速增长、国际影响力不断增强的刺激，美国对中国的挑衅、遏制行为持续升级。中国在政治、经济、外交、舆论乃至军事等多个领域都面临着前所未有的压力。

最后，科学技术的发展改变了人们的生产生活方式和社会结构。新一代信息技术带来了生产力变革，使社会分工日益细化，也使非国家行为例如高科技跨国公司迅速崛起，成为全球生产组织的重要力量。而人工智能的出现改变了人类社会的生产生活方式，并对其产生深刻影响。后发国家尤其是人口大国在信息技术发展上面临着技术代际跨越和市场规模优势丧失的双重挑战，但同时也迎来了新的机遇——开拓新兴领域。这些都标志着一个全新时代的到来。随着世界各国综合国力竞争更加激烈，各国对经济社会各领域发展提出了更高要求。以信息化带动工业化，走新型工业化道路，已经成为发达国家加快产业转型升级的主要方向。信息技术的快速发展为我们打破过去封闭的体制机制提供了巨大的创新空间。新一轮的科技与产业革命是我国实现工业化和现代化进程中的一次历史性机遇。从供给角度看，以经济增长理论为基础的新一轮科技与产业变革，不仅能够推动我国实现由劳动力为主的传统生产要素投入向资本、知识、技术等多要素投入转变，而且还能通过提升全要素生产率来培育经济增长的新动能。目前我国经济正处在由高速增长期转向高质量发展的时期，面临着加快转变经济发展方式、优化产业结构、转换增长动力、建设现代化强国的历史问题。从需求角度来看，随着我国总需求的不断增加以及新一轮科技与产业变革趋势的出现，我国正面临着前所未有的机遇和挑战：伴随着全球范围内的科技与产业革命浪潮，以大数据、云技术、互联网和物联网为代表的新一代信息技术发展迅速，作为国家重要的基础设施之一，其对拉动经济增长速度起到至关重要的作用；伴随世界格局加速调整，多极化趋势进一步加强。当前国际形势正在经历百年未有之大变局，中国面临着前所未有的重大挑战，也迎来难得的历史新机遇。新一轮科技和产业革命推动了产业间协作方式创新，降低了企业之间的信息不对称程度，"柔性生产""共享经济""网络协同""众包合作"等新型协作方式不断涌现，形成了具有规模经济和范围经济特征的经济增长新模式。因此，新一轮科技和产业革命将成为引领世界经济发展新常态的引擎，这也是培育我国未来发展新优势的关键力量。我国已经进入工业化后期，处于经济结构转型升级关键时期，同时，新一轮科技与产业革命又催生了一大批新技术、新产业、新业态和新模式，奠定了我国工业由低端向中高端迈进的技术、经济基础，也给我国制定科学的工业发展战略，加快转型升级，强化发展主动权带来了重大契机。

当前，我们正处于从第一个百年奋斗目标向第二个百年奋斗目标"转段"的交汇期，面临许多前所未有的挑战和机遇。抓住机遇，化危为机，将进一步提高发展的主动权，为第二个百年奋斗目标的实现奠定更加扎实的基础，为实现中华民族伟大复兴创造有利条件。从社会生产力来看，人民对美好生活的期待全面升级。全面小康实现后，随着人民收入水平的提高以及城镇化、信息化、国际化的发展，人民的需求结构全面升级。另外，二孩政策、老龄化也导致居民对优质公共服务需求增加。物质生活和教育水平的提高、互联网和全球信息流通、"改革开放一代"成为社会中坚，对社会公平正义和自身全面发展的要求进一步提高。但同时，我国经济的供给侧还不适应人民的新需要。过去一度依赖劳动力、资本、资源和外部市场扩张支撑的增长方式面临拐点，资源和环境约束触及底线，过度依赖模仿和技术引进导致自主创新缺乏后劲，公共服务的供给能力和水平以及公平可及性仍然不高。在40余年的高度压缩式追赶以后，我国需要根据新时代的发展要求，以新发展理念为引领，推动以人民为中心的发展，满足人民群众对美好生活新的需要。

第二节　全球价值链重构

目前，全球价值链已经进入了一个迫切需要重构的历史时期。这一时期各国呈现出本土化、区域化、多元化发展的特征。这些改变既有国际分工自然演进规律的影响，也有人们在应对危机时"非理性"情绪作用的影响，还有贸易保护主义重新抬头的影响。当前，我国经济已由高速增长向高质量发展转变，迫切需要加快产业转型升级。随着国内市场需求结构不断优化，制造业服务化趋势明显，服务外包成为制造业转型升级的重要载体。在这样的背景之下，中国迫切需要推动产业链、供应链的升级，其中既有挑战又包含巨大的机遇。

一、源于发展中国家产业升级的诉求

从20世纪80年代开始，随着国际生产分割技术的不断进步以及信息通信技术（ICT）的迅猛发展，国际分工形态经历了深刻的变革，逐渐由传统的以最终产品为划分标准转向新的以价值增值环节与阶段的转变，这就是理论与实践界津津乐道的"全球价值链"概念，它是目前国际分工中价值分配与实现的主要形式。与此同时，随着全球贸易自由化程度不断加

深，各国之间的贸易量迅速增加。这使得全球范围内的资本流动规模空前扩大，从而使全球资源配置效率得到显著提高。全球价值链分工在推动经济全球化进程中发挥着越来越重要的作用，对促进世界经济的繁荣起到了巨大作用，这也是近几十年来人类物质文明取得巨大成就的一个重要标志之一。大量研究结果显示，全球价值链分工的深度演进为发展中国家提供了比传统国际分工模式更多全新的发展契机（张幼文，2020[①]；安礼伟和张二震，2020[②]；马涛和陈曦，2020[③]）。与发达国家相比，中国作为最大的发展中国家，在经济全球化中具有独特优势。改革开放以来，我国开放发展所取得的伟大成就证明了这一点。

应当看到，近几十年来全球价值链在促进世界经济蓬勃发展的同时，也累积了许多矛盾与问题。例如，全球价值链分工所导致的"机会不均等"现象和"地位不平等"现象，已经成为阻碍经济全球化与可持续发展的重要因素。所谓"机会均等"集中体现在发达国家，而广大的发展中国家特别是非洲各国，由于受制于要素禀赋、基础设施以及地缘状况的限制，无法参与到全球价值链分工体系中来，从而限制了它们在国际分工中获得更多的机遇与机会，并最终被边缘化；而所谓的"地位不平等"，主要体现在过去全球价值链分工迅速演变的过程中，其主要动力来自发达国家跨国公司的驱动与主导，即使像中国这样一个发展条件完备、发展策略恰当的发展中国家能够迅速全面融入全球价值链分工体系中，也依然面临分工地位不高、附加值创造能力不强、分工效益与利益受限的尴尬局面。所以，加速全球价值链重构，让更多的发展中国家或地区有机会参与到国际分工中去，这是大多数发展中国家共同的、一致的内在要求。

---

① 张幼文. 要素流动下世界经济的机制变化与结构转型 [J]. 学术月刊，2020, 52 (5): 39-50.

② 安礼伟，张二震. 新时代我国开放型经济发展的几个重大理论问题 [J]. 经济学家，2020 (9): 23-31.

③ 马涛，陈曦."一带一路"包容性全球价值链的构建：公共产品供求关系的视角 [J]. 世界经济与政治，2020 (4): 131-154, 159-160.

二、源于发达国家矛盾转移的诉求

事实上,不只是发展中国家存在重构全球价值链的需求,发达国家也是如此。但我们也应注意到,两者重构的需求取向大相径庭。作为全球价值链分工的主要推手和实际控制者的发达国家,更多的是从自身利益出发,而发展中国家则倾向于通过重构全球价值体系来提升国家竞争力。从这个意义上讲,发展中国家并不是全球价值链的主导者,而是被边缘化的对象。这就是在过去几十年间经济全球化发展基本模式;在这一过程中,发达国家自身得到了空前发展。而与之相反的是,作为全球价值链重要参与者之一的发展中国家则表现出明显劣势。发达国家对全球价值链的重构需求表现为两方面:其一,转嫁国内矛盾以满足发展中国家发展的需要;其二,遏制发展中国家的成长速度。在转嫁国内矛盾方面,由于全球价值链的深度演进和劳动密集型产业向下游产品生产环节的国际梯度转移,发达国家的产业出现了不同程度的空心化现象。在此背景下,传统国际经济理论对国际贸易的研究重点逐渐转向了外部利益集团。而内部利益集团在经济全球化过程中所扮演的角色越来越重要,尤其是一些发达国家的跨国公司、政治精英等利益集团与普通劳动者之间存在着巨大的差距。从其外部因素看,利益分配不合理和技术进步缓慢,导致劳资矛盾和内部矛盾不断激化,"对外"竞争加剧,这些都是发达国家面临的严峻挑战。发达国家的利益集团为了维护自身的利益,往往会通过各种手段来保护自己劳动者的利益,而随着经济全球化和产业转移的加剧,劳动要素的边际报酬也随之下降。因此,发达国家与发展中国家之间存在着一种相互博弈的关系。而这种博弈关系往往以国家间不平等为前提。在全球经济一体化背景下,世界各国都面临着一个共同的问题——利益分配不均。利益分配失衡主要表现为在经济繁荣时期过度依赖出口和对外直接投资造成的外部冲击。2008年以来,受全球金融危机以及全球贸易保护主义抬头等因素的影响,美国等一些发达国家不断强化其贸易保护主义倾向,对本国制造业产业产生了严重打击。

发展中国家与发达国家在全球价值链重构中面临着不同程度的挑战。因此，在全球价值链分工下实施开放发展战略对其他发展中国家来说具有重大意义。但是，各国在分工上存在差异以及各自的贸易利益不同，导致了发达国家对发展中国家在经济全球化过程中所扮演的角色认识不一、理解各异，从而影响到双方的直接投资规模。例如，通过对贸易增加值的大量研究成果的分析表明，在全球价值链分工背景下，中国创造附加价值的能力明显不足，尤其是相对美国而言，更多是参与低附加值的创造环节（张杰 等，2013[①]；罗长远、张军，2014[②]）。再如，在我国贸易顺差不断扩大情况下，在全球价值链分工中处于主导地位的美国及其他一些大型跨国公司的全球利益分配在局部出现了失衡，这虽然是全球价值链分工的必然结果，但是美国仍然无视事实，启动对华经贸摩擦，并且愈演愈烈。导致这一结果的根本原因是什么？在这一问题上，许多理论与实证研究所持的一致性观点都将其视为遏制中国和平崛起（王义桅，2021[③]）的战略需求。然而，本书通过研究发现，美国发动贸易摩擦与全球价值链重构之间存在着一定程度上的关联，而这种关联在很大程度上受中国因素影响。另外，随着全球化的深入，世界范围内出现了新技术革命浪潮，包括互联网、物联网和人工智能在内的一系列高新技术产业在推动整个经济社会进步方面发挥着越来越大的作用，由此引发了新一轮国际竞争。在此背景下，研究美国发起的全球价值链重构与贸易摩擦之间的关系，不仅有助于我们理解分工与贸易利益调整之间的复杂关系，而且对于中国而言也具有重要意义。近年来，美国的贸易保护倾向会明显表现出来，并通过"技术锁定"机制损害中国产业升级的基础——自主创新能力。与此同时，美国借助价值链重构实现自身优势地位的巩固。当前，在美国逆全球化思潮和贸易保护主义盛行的背景下，单纯追求经济效益而忽视技术与创新等非理

---

① 张杰，陈志远，刘元春.中国出口国内附加值的测算与变化机制 [J].经济研究，2013，48（10）：124-137.

② 罗长远，张军.附加值贸易：基于中国的实证分析 [J].经济研究，2014，49（6）：4-17，43.

③ 王义桅.中欧多边主义比较：从外交实践到外交哲学 [J].德国研究，2021，36（4）：4-23，156.

性倾向日益凸显，而政治层面的理性因素也在逐渐增强。此外，全球价值链分工所导致的国际资本流动以及由此而引发的金融动荡和金融危机已经成为威胁我国经济社会可持续健康发展的重大风险隐患。所以，我们必须清楚地看到，这一价值链重构的要求，已经给全球价值链带来严重损害与割裂。

三、源于新型冠状病毒感染的冲击

如果说 2008 年全球金融危机影响后，对全球价值链重构的要求初露端倪且越来越明确，那么 2020 年以来新型冠状病毒感染在世界范围内的暴发、扩散与反复更使这种要求进一步增强且加速。在这样一种背景下，全球价值链重构的趋势似乎已经不可逆转。全球价值链重构到底意味着什么？它对中国企业又将产生怎样的影响？这些都值得我们关注与深思。之所以这样说，其原因有三。一是新型冠状病毒感染导致了贸易保护主义抬头。防疫与贸易保护主义之间存在着矛盾和冲突，但随着各国人员流动的恢复以及产业链、供应链、价值链的重构，这种矛盾和冲突将逐渐缓解；新型冠状病毒感染发生后，一些大型跨国公司纷纷削减在华投资力度，这也导致了全球价值链的重新布局。以往对全球价值链的研究主要集中在效率因素上，但近年来突发事件、自然灾害和重大疫情等事件频发，使得产业链或供应链断裂成为可能并带来了巨大的安全隐患。未来全球价值链将更多地受到效率因素和安全因素的影响，这也是全球价值链发展的趋势之一。新型冠状病毒感染在一定程度上加速了技术变迁尤其是数字化技术变革的进程，并对相关产业领域造成重大冲击。二是中国经济在世界范围内受到"逆全球化"思潮的侵蚀。随着"一带一路"倡议的提出和推进，越来越多的中国企业走出国门，与各国开展合作，参与国际竞争。三是要素禀赋、技术进步与制度变革共同作用于国际分工演进，而新型冠状病毒感染对技术进步及全球价值链重构产生了一定程度的抑制作用。

综上所述，在诸多因素的作用与推动下，全球价值链目前已经步入一个急需重构的阶段。在这个过程中，发达国家主导着全球价值链的主导权；发展中国家则面临着被边缘化的危险。同时，随着世界经济一体化进程加快，国际分工格局正在发生深刻调整。全球价值链呈现出新特征。这一转变无疑对纳入全球价值链分工体系中的中国等国产生深远影响。

第三节　重构全球价值链的趋势来源

受以上因素影响，全球价值链未来重构可能存在以下趋势：第一，全球价值链的推广进程在某种程度上会减缓并表现出本土化趋势；第二，全球价值链建设更多表现出区域特征——价值链区域化主导全球价值链，无论是垂直分工或水平分工视角下价值链分工都不再表现出过去单纯的蛇形模式或蛛网模式而呈现出多元化的发展格局；第三，产业间的竞争也会越来越激烈，这就需要企业不断地进行创新以实现产品或服务的本土化。

市场经济从实质上看，既需要形成一个全国的统一市场，又需要突破国家界限，实现一体化全球市场、全球经济（金碚，2020[①]）。但是，随着市场化进程的深入，一些深层次问题逐渐暴露出来。其中，最为突出的是资源配置方式粗放化导致的效率低下。也就是说，市场经济是以分工为基础的，而不是以效率为中心，因此，在市场经济条件下，分工演进是不可避免的。从这个意义上讲，分工是促进市场经济优化资源配置的重要途径。但是，随着分工的深入，分工细化所导致的交易频率提高，必然会增加交易成本。分工的效率提升和成本下降是导致成本上升的重要原因，也是推动分工深化与细化的根本动力。20 世纪 80 年代以来，全球价值链分工的理论逻辑发生了重大变化。国际生产分割技术与信息通信技术的进步，不仅提高了分工效率，降低了交易成本，而且促进了国际分工的深化。区位布局是影响全球价值链分工的重要因素之一，它不仅取决于企业的要素密集度和产品生产阶段所处的地理空间，而且还与企业所处区域内

---

① 金碚. 世纪之问：如何认识和应对经济全球化格局的巨变 [J]. 东南学术，2020（3）：34-41，247.

的要素密集度、产品生产阶段所在的地理空间及企业自身的要素禀赋密切相关。那么如何降低这种成本？这是一个值得研究的问题。"垂直分工"是典型的全球价值链分工模式；"蛇形模式"则是典型的"水平分工"下形成的全球价值链分工格局，"蛛网模式"则是这一价值分工格局下企业间合作与竞争的结果，这两种模式都是建立在全球生产网络体系基础之上的。中国自改革开放以来一直处于全球价值链分工的中心地，"一带一路"倡议的提出也为我国提供了新的发展机遇（张二震，2018①）。随着中国生产环节向海外的国际梯度转移，我国参与全球价值链分工的程度不断加深。但2008年全球金融危机爆发，特别是2020年后新型冠状病毒感染疫情全球范围内的扩散与反复使部分国家与地区认识到产业链条关键环节与阶段缺失可能会引发严重的行业、经济甚至社会安全等问题，因而在注重效率因素的前提下，安全因素也逐渐成为全球价值链布局所需考量的主要内容。在此背景下，各国纷纷从维护本国产业安全角度出发，积极调整全球价值链布局，向上游或下游转移部分产品生产环节；美国重振制造业计划和日本拨给"供应链改革"大量贷款等多项鼓励产业回流的政策措施无疑会加快全球价值链区域布局和向本土化迈进。

在此背景下，企业间的竞争也将进一步加剧，产业的区域化趋势日益明显。

纵观历次全球价值链分工的演变历程可知，尽管生产网络的分布呈现全球性特点，但区域生产网络仍发挥着极其重要的作用。价值链各环节之间存在着一定的关联程度，且这种关联程度又会随着时间的推移不断加深。当前，全球价值链和区域价值链已经形成了以美国为中心的北美区域价值链、以德国为中心的欧洲地区价值链以及以中日韩为中心的亚洲地区价值链。而中国作为世界最大的发展中国家和制造业大国，其对外贸易发展也呈现出明显的区域性特点：一方面是东亚贸易格局相对稳定，另一方面则表现出一定程度的变化性。区域价值链是基于区域间的投入产出关联

---

① 张二震. 条件具备，战略正确，全球化对发展中国家更有利 [J]. 世界经济研究，2018 (3)：23-24.

而产生和发展起来的，并随着全球价值链分工体系的形成而不断演进。在全球价值链分工体系下，区域价值链的形成和发展受多方面因素影响。传统国际经济理论认为，区域经济一体化主要受地理区位、交易成本和技术进步等因素影响，而本书则从地理空间角度分析了这些因素对其产生影响的机制，并进一步探讨了交易成本约束下的价值链构建问题，从而揭示出具有区域化特征与全球化特征的产业间合作模式。在全球价值链分工演进过程中，制度因素发挥着至关重要的作用。制度因素对促进经济全球化具有重要意义，但它并不是推动国际分工演进的唯一动力，其更多地取决于技术因素。技术可行条件下，制度因素对全球分工的影响更为显著。当前，由于技术进步引发的全球化特征以及制度因素对价值链分工与合作的影响日益增强，所以世界经济呈现出明显的全球性特征和区域性特征。这三大区域价值链之间存在着密切而又复杂的联系，它们既相互独立地运作于各自特定的地理空间范围之内，同时又彼此相互依赖并相互影响，共同参与到国际产业转移进程之中。在新一轮经济全球化背景下，贸易与投资自由化制度之间的关系日益紧密。但现行 WTO 框架下原有的国际经贸规则与治理体系一方面因没有跟上时代步伐而对促进经济全球化发展与全球分工演进作用显著减弱，另一方面受多种因素影响（其中发达国家的单边主义表现也给 WTO 改革带来了很大难度），前进步伐颇为迟缓（韩剑 等，2018①）。近年来随着世界经济一体化进程的加快，特别是中国加入世界贸易组织（WTO）以后，国际贸易环境发生了重大变化，各国之间的贸易摩擦也不断增加，尤其是在 2008 年金融危机爆发之后，国际贸易保护主义抬头。同时，WTO 新的国际经贸规则和制度还不能适应日益深化的国际分工与合作要求，尤其是一些双边或区域性的贸易协定，甚至已经成为一种障碍。逆全球化潮流兴起，WTO 改革深化以及区域贸易协定签署等因素将促使全球价值链重构，进而导致全球价值链向区域化方向演进。但是，随着中国经济实力的不断增强，"一带一路"倡议提出以来，我国与东盟国家

---

① 韩剑，张倩洪，冯帆.超越 WTO 时代自贸协定的贸易创造效应：对关税与非关税措施贸易影响的考察 [J].世界经济研究，2018，(11)：51-64，136.

之间贸易往来日益密切，且双方合作领域逐渐拓展到包括投资等多个方面。所以，在此基础上，北美价值链、欧洲价值链与亚洲价值链所构成的"三足鼎立"的全球价值链发展模式在今后可能日益显现。

在这种情况下，不同国家之间的竞争也将更加激烈，而这一竞争过程也将呈现出多元化趋势。

前面已经说过，从安全性角度来看，全球价值链有可能表现出某种萎缩，也就是价值链区域分布有可能发生本土化迁移，但是分工是否高效仍是价值链分布的一个主要影响因素。换言之，受这两方面因素综合影响，尽管价值链分工有可能呈现出某种内卷化倾向，但是可预见的是，要做到彻底本土化绝无可能性。经济全球化发展是社会生产力和技术进步的必然结果，也符合客观规律这一点。所以，分工打破国界向外延伸与加深，尽可能广泛地进行资源整合与运用，从而达到效率最大化仍是企业战略需要。同时，随着我国经济社会发展进入新阶段，我们将面临更加复杂多样的外部环境。其中，安全与发展既存在着相互制约的关系，也有相辅相成、相互依赖的一面。从以上意义上讲，统筹安全与发展既是一个企业层面必须审慎思考的策略，也是一个国家层面必须思考的重要策略。同时，由于世界各国之间的利益分配格局正在发生变化，特别是中国等发展中国家的崛起，使得全球范围内的竞争与合作也呈现出新特点。企业在追求利润的同时也会付出一定的成本，这就导致了资源浪费、效率损失以及效率水平下降等现象，从而影响到整个产业发展的质量与效益，甚至引发严重的安全问题。为解决安全与发展的问题，到底应该采取什么样的发展模式与战略，这显然是由这两方面力量对比状况决定的，也可以说是由这两大要素决定的。安全与发展因素之间存在着内在的联系，而分工与协作则是在全球化趋势下形成并不断强化的，它不仅表现为要素密集度上的差异，而且还体现在地理空间上的分布上。全球价值链是新一轮竞争的基本逻辑。安全因素与效率因素共同推动了全球价值链的"收缩"过程。在这种情况下，我们很容易联想到全球价值链上的产业回流和内卷化发展现象。在实际生产过程中，企业若对所谓产业链上供应链的安全与稳定有更进一步的了解，就不难看出其实质就是，生产链条上的某一个环节一旦被破坏就有可能造成生产全过程难以持续运行的危险。因此，从这个意义上讲，产业链供应链本土化所造成的效率损失是不可避免的。在全球化背景下，如果我们忽视了这个问题，就很容易陷入"囚徒困境"，即跨国公司在追求自身利益最大化时，往往会忽视甚至牺牲对本国企业的保护。在全球产业分工中，产业链上各环节和环节之间存在着紧密的联系，任何一个环节出现故障都会影响其他环节甚至整个系统的正常运行。某个环节或某些环节缺乏足够的生产能力、先进的技术条件等，都有可能导致生产过程中的"无效率"，从而造成资源的浪费，最终导致资源配置效率损失。从目前来看，世界范围内产业升级步伐明显加快，国际分工格局已经发生了深刻变化。一方面，发达国家凭借其先进的生产技术，雄厚的资本实力以及强大的市场力量逐步控制着国内市场。同时，由于产业链供应链上各个环节之间存在着信息不对称问题，使得产业链中不同环节之间存在着可替代性，从而导致上游供应方与下游供应方之间的竞争加剧。所以，为了解决产业链供应链中存在的安全隐患，尽可能地提高效率，全球价值链重构在今后将向多元化的趋势演变。

当然也要看到，尽管外界突发事件所带来的影响如全球新型冠状病毒感染疫情等，已经引起了各国及企业层面对于全球产业链供应链安全的关注，但是正如查尔斯·P.金德尔伯格和罗伯特·Z.阿利伯等人在《疯狂、惊恐与崩溃——金融危机史》中所分析的那样，当人们受到危机冲击时会常常表现得过于惊慌而采取某些非理性举措（查尔斯、罗伯特，2017①）。跨国公司在全球价值链中占据重要地位，其区位布局在一定程度上也会受到全球价值链重构的影响，这就使得人们容易产生过度恐慌或过度反应，进而导致产业链供应链调整的长期性。在外生危机冲击下，"理性"与"正常"之间的矛盾将更加突出，而效率因素将占据主导地位；而在当前形势下，这一现象似乎更加明显。在贸易保护主义抬头的背景下，如何确

---

① 查尔斯·P.金德尔伯格，罗伯特·Z.阿利伯.疯狂、惊恐和崩溃：金融危机史（第七版）[M].北京：中国金融出版社出版，2017.

保产业链供应链的本土化与区域化成为保障我国经济发展和社会安全稳定的关键。目前来看，中国在新型冠状病毒感染疫情后的复工复产上仍面临诸多挑战，尤其是一些受影响较大的行业和企业，其生产经营和经济活动都将受到不同程度的影响。在这种情况下，产业链上各环节间由于缺乏沟通或信息不对称而导致相互冲突，进而引发连锁反应，最终形成恶性循环。由此也可看出，产业链中各个环节之间存在着不可调和的矛盾。在此背景下，我们发现，虽然部分企业采取了产业链供应链回流或外迁等措施，但这些举措并未从根本上改变我国产业链供应链"本土化""区域化"的现状，反而加剧了外生冲击对我国企业的影响程度，进而影响到我国企业的复工复产。这就要求企业必须高度重视自身的安全稳定问题，并采取积极有效的措施来保证其发展的有效性。在以上意义上，对于全球价值链重构过程中可能表现出的若干演进方向与趋势以及由此给中国产业链供应链所带来的冲击，我们要担忧的并不是分工演进过程中的自然规律和外生冲击过程中的"一时冲动"，而真正要重视的是在贸易保护主义驱动下的全球价值链重构过程及演进方向，并据此提出有效对策。

第四节　我国产业发展现状及存在问题

我国产业结构变动在整体上遵循产业结构演变的普遍规律。改革开放以来，我国三次产业结构经历了从"二一三"到"二三一"再到"三二一"的转变过程。当前，我国要继续推进经济结构战略性调整和升级，加快构建现代产业体系，促进经济社会持续健康稳定发展；同时，以供给侧结构性改革为主线，大力实施创新驱动发展战略，提高全要素生产率。我国不同时期的产业结构变动特征各异，但从整体上看，产业结构演变呈现出变化次数多的特点（惠宁、刘鑫鑫，2019）。1978 年中国产业结构呈"一二三"模式，三次产业所占的比重达到 27.7∶47.7∶24.6。1985 年第三产业规模第一次超过第一产业规模，三次产业比重由"一二三"发展为

"二三一"，发生了较大变化，三次产业比重调整到 27.9：42.7：29.4。从 20 世纪 80 年代中期开始，随着市场化改革进程的逐步推进，我国逐步确立了以市场配置资源为主的基本制度框架，初步形成了现代企业制度以及市场机制与宏观调控相结合的经济体制。进入新世纪后，2012 年第三产业规模再一次超越第二产业成为拉动国民经济的主导产业，三次产业结构由"二三一"发展为"三二一"，三次产业所占比重调整到 9.1：45.4：45.5。近年来，随着我国工业化进程的持续深入以及城市化水平提高，三次产业比例逐渐趋于合理。但由于受到国际金融危机等因素影响，我国产业结构演进也出现一些问题。一是第三产业内部结构不合理。尤其是党的十八大召开以后，中国经济进入了一个新的发展阶段，经济结构战略性调整与转型升级步伐加快，2019 年，中国三次产业比重达到 7.1：39.0：53.9，"三二一"产业格局日益固化，经济发展全面性、协调性、可持续性明显增强。2020 年，三次产业的占比再次调整至 7.7：37.8：54.5。具体地说，第一产业增加值在国内生产总值中的占比持续降低、从 1978 年 47.7% 降至 2020 年 7.7%，其间降幅为 20.0%；第二产业增加值在 GDP 中的占比呈现先降后升再降的振荡式增长轨迹，从 1978 年 47.0% 降至 1990 年 41.0%，并伴随着新一轮对外开放政策出台而振荡增长到 2006 年 47.0%，随后逐渐降低到 2020 年 37.8%，时期降幅为 9.0%；第三产业增加值在 GDP 中占比呈现平稳增长态势，从 1978 年 24.6% 升至 2020 年 54.5%，时期为 29.9%。

三次产业结构中，农业、工业和服务业的内部结构都发生了较大变化，其中农业基础地位不断增强，仍是我国经济发展的主要支柱之一。特别是改革开放初期，我国种植业得到了快速发展，产品种类不断丰富；随着国家对农业政策的优化调整，我国农业综合生产能力显著提高，初步形成了比较完整的现代农业体系。农林牧渔业总产值方面，传统农业所占比例持续减少，林牧渔业所占比例增加。经济作物种植面积逐年增加，其中蔬菜、水果等优势作物生产规模不断扩大。农产品加工业增加值占 GDP 总量比例持续上升，并成为拉动经济增长的重要力量。粮食生产实现了"十二连增"。农业现代化水平不断提高，2019 年农业科技进步贡献率达到

59.2%，主要农作物良种覆盖率达到96%以上。工业发展逐步向中高端迈进，初步形成了门类齐全、特色鲜明的现代工业体系。改革开放初期，以劳动密集型为主的一般加工制造占主导地位。随着我国经济的快速发展和工业化的推进以及工业结构的调整，我国工业逐渐由劳动密集型工业向劳动资本技术密集工业转变。目前，我国有200多个产业门类进入联合国产业分类，主要工业品产量和制造业增加值均在2010年之后居世界首位；2019年，中国高技术制造业在规模以上工业增加值中的比重达到12.5%，较2005年上升2.6个百分点。我国产业发展呈现出以下特点：①第二产业结构逐步优化，重工业快速发展。制造业产值占比从1978年的47.1%上升至2018年的51.5%，已成为国民经济支柱产业。第三产业增加值占比显著增加，但仍处于较低水平。服务业层次不断提升，现代服务业和新兴服务业快速发展。②工业化进程加快，第三产业快速发展。20世纪80年代以来，随着城镇化建设步伐加快，全国各地区纷纷开展了大规模基础设施建设和社会事业投资。第三产业增加值占国内生产总值比例持续上升。改革开放初期，我国的服务业主要集中在批发零售和交通运输等传统服务业上；近年来，随着经济的发展和人民生活水平的提高，人们对生产性和生活性服务需求不断增加，推动了现代服务业快速发展。2017—2019年我国战略性新兴服务业营业收入年均增长率为14.9%，远高于同期全国服务业营业收入平均增长率。③第三产业快速发展，成为推动国民经济增长的主要动力。2015年以来，国内生产总值年均增速达到7.5%，是同期GDP增长率最高的一年。④消费需求持续增长，消费结构加快升级。适应居民消费升级大势，以旅游、文化、体育、卫生、养老为代表的幸福产业蓬勃发展。

中国产业结构优化空间依然很大。近年来，随着工业化和信息化水平不断提高，第二产业对经济增长的贡献持续扩大，第三产业的比重逐步下降。同时，产业结构演进过程中还存在一些突出问题。我国三次产业的产值结构和就业结构存在一定程度上的偏离度，主要表现在劳动要素投入不足、劳动力过度集中于三次产业等方面，导致我国三次产业的劳动生产率较低，"鲍莫尔成本增加病"严重影响了产业发展的质量与效率，不利于经济的提质增效。

三次产业在东中西部之间的分布差异明显，区域结构表现出三个方面的特点。第一，三次产业占 GDP 的比重呈现出由东部地区到中部地区再到西部地区逐渐降低的梯度递减的空间特征。第二，三次产业在空间分布上呈现出由东部地区向中西部地区逐渐集中的趋势，这也反映了我国产业结构布局正在逐步优化。但这种调整并没有实现产业结构高度化，而是出现了"一高两低"现象，即高值区位于北京、上海等大城市附近，而低值区则主要分布于广大农村地区。第三，产业结构和空间布局方面，区域不均衡问题依然严重，中西部地区与东部地区差距不断拉大，尤其是 2012 年以来，第二产业和第三产业之间的差距进一步扩大。

这表明，中国的产业结构发展出现了一些新的矛盾，即东中西部之间、经济发达地区与欠发达地区之间以及南北地区之间都存在着一定程度的差异，并且这种差异正逐渐缩小。有文献利用 1978—2007 年省际面板数据，对这些问题进行了实证分析，结果发现：随着时间的推移，东中西三个区域之间的产业结构调整程度都呈现出上升趋势。东中西三大区域之间存在明显的空间溢出效应与协同效应，但由于先富地区对后富地区的转移速度快于虹吸效应或马太效应，从而导致产业资源向较差地区和富裕地区集中。

目前我国制造业仍处于"大而不强"的状态，一些关键技术还需要突破。在新一轮科技革命与产业变革背景下，加快推进智能制造是解决上述问题的关键举措之一。在此背景下，有文献通过构建指标体系并利用熵值法对 2015—2016 年全球主要经济体的制造业转型升级指数进行测度分析。结果表明：发达国家与发展中国家制造业转型升级均呈现加速趋势。已有文献研究显示，中国制造业最深层次的挑战源于工业互联网与智能制造，尽管中国制造业整体智能化水平在 G20 国家中处于领先地位，但其发展增长速度不及传统制造业强国，且中国制造业行业智能化程度不均衡，中高智能化程度产业数量偏少（高柏、朱兰，2020①；王媛媛、张华荣，2020②）。

从服务业的产业属性来看，我国服务业可分为生产性服务业与生活性服务业两大类，其中，生产性服务业具有较高的科技含量，而生活性服务业则相对落后。

已有文献从生产性服务业与生活性服务业的产值结构、就业结构以及投资结构三方面进行对比分析，发现中国服务业存在以下问题：内部结构演进缓慢，主要表现在两个方面。在产值构成上，生产性服务业的产值所占比例高于生活性服务业；在产值比重上，生产性服务业高于生活性服务；在劳动力市场上，生产性服务业人员占比远高于其他行业，而生活性服务业中从事生产活动的人员所占比例较低。这主要表现为：第一，生产性服务业对生活性服务业的带动作用不明显；在收入方面，生产性服务业与生活性服务业之间存在显著差异；在就业上，二者差距由 2003 年的2 861 万人拉大至 2018 年的 3 625 万人。2003—2017 年，二者的差距扩大了近 13 倍。在生产方面，生活性服务业的全要素生产率高于生产性服务业，但二者的全要素生产率之比却一直处于较低水平（韩英、马立平，2020③）。第二，生产性服务业内部各行业间不均衡现象严重。例如金融保险业、科学研究教育文化体育业和信息传输计算机服务及软件业等，其产业增加值占总产出的比例都较低。这与中国产业结构发展不平衡密切相关。

在新一轮科技革命和产业变革的背景下，以数字化、网络化、智能化技术为代表的产业结构正在发生深刻变化，这对中国产业结构转型升级提出了更高要求。从全球来看，信息技术的快速进步正在深刻地改变着人们生产生活方式。在这样的大背景下，以信息通信技术（ICT）为核心的信

---

① 高柏，朱兰. 从"世界工厂"到工业互联网强国：打造智能制造时代的竞争优势 [J]. 改革，2020（6）：30-43.

② 王媛媛，张华荣. G20 国家智能制造发展水平比较分析 [J]. 数量经济技术经济研究，2020，37（9）：3-23.

③ 韩英，马立平. 京津冀产业结构变迁中的全要素生产率研究 [J]. 数量经济技术经济研究，2019，36（6）：62-78.

息产业成为引领世界各国实现产业转型升级的主导力量。产业互联网发展通过推动数字技术与传统经济深度融合，带动智慧农业，智能制造，智慧能源，智慧教育，智慧医疗，智慧零售等传统产业数字化改造及新业态滋生发展，给数字时代产业结构转型升级带来重要契机。

第五节　技术技能型人才培养现状

技能人才队伍作为支撑中国制造和中国创造的主力军，在促进我国经济高质量发展中发挥着举足轻重的作用。新发展阶段下，中国正处于由高速增长阶段向高质量发展阶段转变的关键时期，"中国制造"面临着更大的机遇和挑战，我国需要充分发挥自身的国际比较优势，加快转型升级步伐。在此背景下，国家对人才培养提出了更高要求，特别是对工匠人才的培养和使用提出了更高要求。从当前形势看，我国正处于全面建成小康社会和"十四五"规划开局之年，经济社会转型升级加速推进，社会对高技能人才的需求更加旺盛。同时，我国人才队伍建设也面临着许多困难和挑战。一是结构不合理。党中央、国务院高度重视高技能人才队伍建设工作，作出了一系列重大决策部署。例如，出台《关于加快发展现代职业教育的决定》《关于深化人才发展体制机制改革的意见》《关于激发重点群体活力带动城乡居民增收的实施意见》《关于提高技术工人待遇的意见》，分批次取消上百项职业资格许可和认定事项，构建高技能人才队伍建设政策体系，落实高技能人才振兴计划、返乡农民工自主创业培训行动方案，启动多余产能企业员工特别职业培训计划、产教融合工程项目、公共实训基地建设计划、百家城市技能振兴具体行动、离校未聘高校毕业生技能培训计划。在此背景下，国家高度重视高校毕业生技能就业和提升农民工职业技能工作，启动了"春潮行动——建设高技能人才培训基地和技能大师工作室"行动，全面推进技能人才工作创新发展。2019年，《国家中长期教育改革和发展规划纲要（2010—2020）》提出到2025年基本建成现代职业教育网络体系；2020 年 1 月，国务院办公厅印发《关于加强高技能人才培养工作的意见》。到 2021 年年底，我国各类技能人才将达到 2 亿人左右，其中高技能人才超过 6 000 万人，占全国技能人才总数的三分之一以上，占全部就业人员的 26% 左右。产业工人已经成为推动经济高质量发展的中坚力量和创新驱动发展的骨干力量，是实施制造强国战略、促进产业转型升级、加快技术创新、提升企业竞争力的重要支撑。

人才市场结构问题一直备受关注。根据中华人民共和国人力资源和社会保障部（人社部）数据显示：我国技术技能型人才的求人倍率为 2 左右，即增加一名技术技能型人才至少需要 2 个月时间；但这并不意味着我国就没有高技能人才了。根据相关统计，目前在岗职工中拥有中级以上技术职称者不足 3%，而发达国家则达到 60% 以上；高级技工比例更低一些，不到 2%。2020 年，全国"最缺"的 100 个工种，即冶炼工程技术人员、铸造工、金属热处理工等。钢筋工、机修钳工、纺织染色工等岗位的短缺程度也在加剧。

"技工荒"已成为不争的事实。各地都在吆喝着缺技工。中部某省份数据显示：截至 2019 年年底，该地区共有各类技能人才 483.7 万人，占全省城乡就业人数比例为 16.8%，低于全国平均水平；但是，这个比例还远远低于全国平均水平。《中国制造 2025》规划中提出的目标是：2020 年前要完成 300 万~350 万高技能人才培育工程任务。但实际上这一数字并没有实现。高级工是技能人才中最重要的组成部分，其数量达到了 147.2 万人，占全省就业人口的三分之一以上。杭州的建筑业和传统制造业吸纳了近七成的就业，但仍需要大量的中高级技术工人和低技能劳动力；普通技能岗位上也出现了大量的空缺。从东部地区看，以模具制造行业为例，高级数控加工技师和技师就分别不足 1 万和 2 千人。从中西部地区来看，随着产业结构升级，高技能人才缺口也越来越大。特别是西部省份更是如此。广东的电工、钳工、车工、焊接和制冷工等工种都需要大量的技术工人，而如今又出现了大量的数控技术工。在上海，近三年来，上海每年新增的高级技工为 7.33 万人左右，截至 2020 年，上海现有各类普通技工近 4 000

万人，月收入在 8 000 元至 10 000 元的企业中，拥有高级技工的企业只有两三万元；上海的高级技工主要从事工艺设计、机械加工和制造以及各类设备的维修等工作，缺乏光机电一体化方面的人才。

技能人才的培养应以市场为导向，优化其结构。这主要表现在：第一，职业教育层次较高；第二，培训机构数量不足；第三，劳动者素质不高，结构性矛盾突出。造成这种状况的原因是多方面的。现代产业结构中，技术工人队伍结构应以高级技术工人为主，而目前我国技术工人以中低级技术工人为主。国际劳工组织（ILO）给出的发达国家技工队伍高中和高中低结构比例依次是：高-高，高-高-低，日本产业工人团队为高-高，德国为高-高。而我国高技能人才不足 5 000 万人，约占全国就业人员总量的 6.5%，其中高级技工不足 2 200 万人。据天津市人社厅统计，全市每年需要各类技能人才约 680 万人，而市场能供给各类技能人才不足 100万人，与发展现代制造业对高端领军技能人才的需求相比差距较大。而天津则是全国高级技术人才的主要来源地之一，其供求比例约为 1：10。

发展质量效率提高、产业转型升级需要大量高素质的高技能人才，"技工荒"是制约制造业转型升级的重要因素之一，而在劳动力市场上，企业所需的高级蓝领主要集中在一些技术难度大、工作时间长的技能型生产岗位上。我国产业工人的技能水平与国外相比还有很大差距，目前国内科技成果转化率低，科技进步对经济增长的贡献率低于发达国家。纵观世界工业发展史，一个国家要想成为真正意义上的工业强国，就必须培养大批高素质的技师技工。因此，我国大力发展生产性服务业，加快推进现代职业教育体系建设，大力培养高素质劳动者和技能型人才就显得尤为重要。要实现这一目标，关键要从源头抓起，提升高端技能型人才培养能力。制造业的竞争归根到底是人才之间的竞争，人才是最重要的因素之一，尤其是具有创新能力的高级技能人才。在未来的数字经济时代，随着制造业和物联网的发展，企业对生产运营的智能程度要求越来越高，许多传统的操作性岗位如工业机器人等已经不能满足生产现场的需求，需要更多的人来进行技术指导和工艺管理。这就需要更多的技术人员、工人、工程师、技师以及高技能人才。

随着我国经济结构和产业结构的调整，社会对技术工人的需求量也会随之增加。在国家大力倡导职业教育发展的背景下，高职院校应抓住这一契机，以培养技能型人才为目标，努力构建具有中国特色的现代学徒制人才培养模式。然而，目前国内多数职业院校仍存在一些问题。从制造大国向制造强国转变，培养高素质产业工人队伍是关键。

近几年，我国高校毕业生数量不断增加，毕业生就业形势严峻。每到大学即将毕业的时候，社会各界人士对就业之难进行评估，"历史上最艰难的就业季"一再被打破。大学生就业难是当前社会关注的热点，也是党和政府高度关心和重视的焦点问题之一。从 2010 年开始，国家出台一系列政策支持毕业生自主创业。2013 年我国高校毕业生规模为 699 万人，2014 年扩大至 727 万人，2015 年为 749 万人，2016 年为 765 万人，2017 年为 795 万人，2018 年为 820 万人，2019 年为 834 万人，2020 年为 874 万人，2021 年全国高校毕业生规模达 909 万人，同比增长 35 万人。2021 年，新增劳动力约 1 500 万人，这为化解产能过剩、促进农村劳动力转移等提供了新的机遇和挑战，就业形势总体平稳向好，基本盘基本稳固。

在此背景下，作为为社会输送人才的重要力量——技工人员，其数量也在逐年增加，尤其是技校生源。当前，我国现代职业教育体系已覆盖全国职业学校 1 200 余个，近 10 多万个专业点，为社会提供了 1 000 多万高素质技术技能型人才。现代制造业和战略性新兴产业所需人才中，约有 70% 是由职业院校毕业生承担。"招工难"和"技工荒"成为业界关注的焦点。"十二五"期间，国家投入近 2 000 亿元用于职业教育发展，中等职业技术学校招生人数连续五年保持两位数增长；高等职业院校招生规模也大幅增加；中职在校生年均增幅达到 15%，高职学生增速为 10% 左右。在全国技能大赛中，物联网技术成为了热门比赛项目之一。高级技能就算"百万年薪"也让许多企业趋之若鹜。在广州，有些公司提前 2 年来技校预订学业，有些专业 7 成以上的同学由公司提前 1 年订校，有些班甚至同学入学后便抢着订校。有调查显示，有近一半的毕业生认为自己找不到合适工作。"人脉"少,"人好"少;"人脉"广,但"人好"难。

社会教育包括普通教育、职业教育和成人教育,其中以中等职教和普通高中为主。造成这种现象有多方面原因,如受传统观念影响较深。我国长期以来形成了"重智育轻德育"的思想。职业学校与社会服务业联系不够紧密,学生毕业后就业难问题比较突出,如毕业生中从事文秘、财会等工作的人数较少,而从事制造业的人却很多,这些岗位都需要一线技工来完成,这就给职业学校带来了很大压力;从社会方面看,同样缺少技能提高培训机构,职工继续深造的机会与渠道较少,想要提高技能有一定难度。

究其原因,主要是社会认识不到位,传统的人才观影响所致。长期以来,人们对人才标准的认识存在着严重的偏差:重数量轻质量,重数量轻质量,"凝固性""唯学历、唯职称"等错误的人才观影响了人才资源的开发和利用。随着社会主义市场经济的逐步建立,传统的人才培养观念开始受到挑战,人们越来越重视人才素质与能力的培养。技术工人是劳动者中最重要的组成部分,也是培养高级技工的摇篮。现在一些职业院校出现了"学历歧视""文凭歧视"现象。学校缺乏有效的激励机制和机制,使职称评定流于形式,不能客观地反映职工的技能水平和学技能之间的差距。

在"轻工"思想影响下,人们对解决这一社会性问题认识不足,致使普通教育与职业教育脱节。社会舆论中对"轻工"类专业的偏见主要表现在:读职业学校的学生的父母都认为自己的子女是技术工人或高学历,所以他们会把孩子送去最好的学校——最好的技工学校;而多数学生的父母想让自己的子女哪怕选一所再糟糕的中学,也不要进入职业高中。不少家庭经济条件不好的青少年,在小学阶段就开始学习技术了;初中毕业生升学时,有相当一部分学生因成绩欠佳而不能报考职校或技校生。学生上了大学和大专,宁肯待业都不想去厂里。青年受职工社会地位、收入状况的影响,情绪浮躁、不愿做职工,学习技术积极性、主动性不高。

第二章 技术技能型人才与四川经济发展

习近平总书记指出："只有牢牢把握住当前及未来一段时间的发展大势，才能锚定好发展方向、找到发展之路。"未来五年，是全面建成小康社会、实现第一个百年奋斗目标后，乘势而上开启全面建设社会主义现代化国家新征程，向第二个百年奋斗目标进军的第一个五年，也是推动四川治蜀兴川再上新台阶的关键五年。

国内外环境的复杂变化将要求技术技能型人才具备更高水平的适应性和创新性，以应对各种未知的情况。未来五年，技术技能型人才将需要在快速变化的环境下持续深化自己的专业知识，同时积极拥抱新技术和新趋势，以确保自己的职业发展与时俱进。

第一节 四川经济发展面临的时代背景

一、国际环境正经历百年未有之大变局

当今世界正经历百年未有之大变局，国际政治经济局势的不稳定性和不确定性凸显，经济全球化、科技革命和产业变革、国际政治和国际治理等领域的变革交相辉映。2020 年以来，全球政治经济格局变革加速，世界

经济下行风险加剧，不稳定、不确定因素显著增多①。

一是发展中国家和新兴市场经济力量崛起。以中国为代表的发展中国家和新兴市场力量迅速崛起，以金砖国家为代表的主要新兴经济体经济规模迅速扩大，占全球经济比重接近30%，超过了欧洲和北美，全球经济重心从大西洋向太平洋转移。传统发达国家和新兴经济体、广大发展中国家之间的差距不断缩小。新兴经济体经济规模的快速增长改变了过去长时期以发达国家为单一增长极的格局，推动全球经济呈现多极格局局面。同时，以不断增强的经济实力作为支撑，参与并推动全球治理体系变革，成为广大新兴经济体与发展中国家保障自身权益的重要渠道，这也推动中国日益走近世界治理舞台的中央。

二是新一轮科技革命和全球产业链变革。目前，以信息化为代表的第四次科技革命方兴未艾。互联网时代与社会信息化程度不断融合发展，大批发展中国家接入互联网，缩小了与发达国家在传统意义上的数字鸿沟。许多发展中国家利用互联网和数字技术等，推动其传统产业进行数字化转型升级，经济全球化进入互联网时代。同时，基于比较优势理论、要素禀赋假说等形成的传统国际贸易格局和国际分工体系逐渐让位于全球价值链分工。处于价值链中低端的新兴经济体制造业，由于传统比较优势的丧失，也逐渐开始基于创新驱动，推动产业升级，向价值链中高端发展。这将挑战发达国家对国际分工体系的主导。

三是全球投资贸易规则重构与经贸秩序重建。随着新兴市场国家的崛起和发达国家相对衰落，第二次世界大战战以来形成的维护和促进全球性发展的体制和机制，正在面临碎片化、区域化发展的新态势。同时，单边主义、贸易保护主义、逆全球化思潮不断有新的表现，经济全球化进程遭遇严峻挑战。联合国、世界银行、国际货币基金组织和世界贸易组织面临新挑战。为维护在全球经济中的地位，一些发达国家先后签订了全面与进步跨太平洋伙伴关系协定（CPTPP）、美国-墨西哥-加拿大三国协议

---

① 权衡.“百年未有之大变局”：表现、机理与中国之战略应对［J］.科学社会主义，2019
（3）：5.

（USMCA）、跨大西洋贸易与投资伙伴协议（TITP）等区域性自由贸易协定，并呼吁对国际贸易组织（WTO）进行改革。这一系列举措将挑战甚至改变原有的国际投资贸易规则和秩序。

四是全球公共危机治理面临新挑战。未来五年，全球公共危机将不仅涉及传统安全领域，而且呈现出转向网络、公共卫生、自然灾害等非传统安全领域的发展态势。随着全球化进程的加快，公共危机给全球化造成破坏影响的深度、广度和强度前所未有，衍生而来的一系列次生危机也日益凸显。据统计，2021年，全球企业/组织每周承受攻击930余次，较2020年增加超过50%。经济水平越低的国家或地区，发生网络攻击事件的概率和频率也会越高。同时，发达国家还向发展中国家转嫁国内经济、政治和社会等矛盾，为全球公共危机治理带来诸多不确定性。

二、我国社会经济发展进入高质量发展新阶段

经过40多年改革开放的不懈奋斗，截至2021年我国已成为世界第二大经济体，国内生产总值达114.4万亿元，人均国民生产总值超过1.2万美元，经济实力、科技实力、社会治理、综合国力和人民生活水平跃上新的台阶。全面建成小康社会取得伟大历史成果，全面打赢脱贫攻坚战，解决了困扰中华民族几千年的绝对贫困问题[①]。但是，中国经济也面临低端产能过剩，资源环境约束趋紧，人口红利逐渐消失等问题，而且，随着经济结构的调整、优化，经济增速已经不可能再维持10%以上的增长。2022年下半年，党的二十大召开，中国进入了全面建设社会主义现代化国家、向第二个百年奋斗目标进军新征程。这将为中国在未来五年继续转变经济增长方式，推动经济发展从高速增长阶段转向高质量发展阶段提供指引。

一是双循环新发展格局加速构建。未来五年，随着逆全球化思潮和国际产业链的深刻变革，以及中国经济增长由投资和出口拉动转向由消费拉动，中国将继续构建和完善以内循环为主的双循环发展格局。一方面，中

---

① 资料见《中华人民共和国国民经济和社会发展第十四个五年规划纲要》第一篇第一章，发展背景。

国将深化供给侧结构性改革与扩大内需战略有机结合，完善以人为核心的新型城镇化战略和区域协调发展战略，以及高水平对外开放，形成强大的国内市场。另一方面，中国将通过全面深化要素市场改革，建设高标准市场体系，充分发挥市场在资源配置中的决定性作用，加快政府职能转变，真正做到畅通国内大循环，国内国际双循环相互促进的良好局面。

二是脱贫攻坚与乡村振兴有效衔接，扎实推进共同富裕。未来五年，是巩固脱贫成果，全面推进乡村振兴，实现共同富裕的第一个五年。我国将统筹推进乡村振兴与城乡共同富裕的顶层规划，做好产业衔接，加强政策、人才和资金的持续支持，延长农业产业链、供应链、价值链，培育农业农村发展新动能；并在用地、资金、税收等方面，加大对回乡创业和外来投资人员的扶持力度，将支持脱贫攻坚战的力量转向全面推进乡村振兴、实现共同富裕的进程中。

三是"碳达峰、碳中和"与国内产业重塑。在全球的碳排放中，40%碳排放量来自工业，20%来自交通，40%来自楼宇。因此，在双碳目标的实现过程中，工业部门的减碳任务尤其重要。未来五年，随着中国"双碳"目标路线图的确立，中国经济将开启长期的低碳转型模式，特别是对能源、交通、工业、建筑等领域的企业产生了硬性的转型驱动力，企业将直面低碳转型和业务发展的双重压力。这一目标不仅能驱动中国的产业转型升级，提高中国企业在全球价值链中的地位，还将通过全球产业链的深度协作，在全球范围发挥更广泛的影响力，为全球应对气候变化做出良好示范。

四是数字化、网络化和智能化转型。未来五年，是中国全力推进传统产业数字化、网络化和智能化转型升级的关键五年，也是云计算、大数据、物联网、工业互联网+、区块链、人工智能和虚拟现实等新兴产业加速发展的五年。中国将建成系统完备的5G网络，5G垂直应用场景将进一步拓展。工业互联网、车联网等应用开始铺开，通过大数据、物联网、5G、数字孪生、人工智能等技术搭建数字化平台，支撑企业核心业务的高效联接、敏捷运营，加速形成数字经济产业体系。

五是城镇化水平继续提高，城市群、都市圈和中心城市等重要增长极引领作用强化①。根据人均收入的增长趋势估算，到 2025 年，我国城镇化率预计将达到 65%左右，到 2035 年预计将超过 70%，届时将有超过 10 亿人生活在城市。生产要素进一步向城市群、都市圈和大城市集聚，预计 2025 年生活在 100 万人口以上城市群的人口占比将达到 32.5%。城市群内部大城市对中小城市和小城镇的辐射带动作用将进一步增强，产业分工效率持续提高，城市群一体化程度将明显提升。与此同时，传统的城镇化战略过度强调集中和效率，因而未来如何提高城市生活质量、社会保障水平和城市管理水平将成为城镇化面临的核心问题。

第二节　四川经济发展面临的机遇与挑战

综上判断，当前世界政治经济格局正面临复杂深刻的变革，中国国内的社会经济发展进入高质量发展的新阶段，但在当前和今后一个时期，我国发展仍然处于重要战略机遇期，不过机遇和挑战都有新的发展变化。这一系列的国内外社会经济发展的深刻变化及其演化，将成为未来五年四川社会经济发展的主要时代背景，同时将为未来五年四川社会经济的发展带来机遇和挑战。因此，在上述对国际国内社会经济发展演变的时代背景进行分析的基础上，我们认真分析了国家对四川的布局定位及相关政策。然后，基于四川社会经济发展的现实状况，我们从国家战略落地、新发展理念、数字经济、产业发展、人口结构演变等视角出发，梳理了未来五年四川促进社会经济发展，推动治蜀兴川再上新台阶中可能会面临的九大方面的机遇与挑战。

---

① 陈昌盛，许伟，兰宗敏，等."十四五"时期我国发展内外部环境研究 [J]. 管理世界，2020, 36 (10)：1-14, 40, 15.

一、未来五年四川发展既有国家战略落地四川带来的机遇，更有战略优势转化为战略胜势的挑战

未来五年，是四川抢抓国家重大战略机遇、推动成渝地区双城经济圈建设成势见效的关键时期，其发展具有国家战略的支持。一是政策支持机遇。四川位于"一带一路"建设、长江经济带发展、新时代推进西部大开发形成新格局等国家级战略区位的结合位置，能够充分享受国家在财政、税收、金融、简政放权、先行先试、创新发展等方面的政策支持。特别是《成渝地区双城经济圈建设规划纲要》的出台，明确了四川将建设具有全国影响力的重要经济中心、科技创新中心、改革开放新高地、高品质生活宜居地的发展目标，这将进一步提升未来五年四川在全国经济发展大局中的战略位势。二是投资驱动机遇。未来五年，国家还将继续加大对西部地区新型基础设施、新型城镇化、重大能源工程和产业项目的投资，预期国有资本的直接投资将达到3万亿元，并带动数万亿元民营资本的投资。这将对四川扩大市场需求、带动相关产业发展、促进经济增长产生巨大综合效应。三是承接国内产业转移的机遇。目前，在四川省内，还有不少劳动力资源比较丰富、资本比较短缺的地区。通过国家规划战略的部署，未来五年，这些地区能够更好地成为未来国内产业转移的主要承接者。四是进一步的潜在国家级战略规划机遇。四川处于几大国家级战略规划的结合位置，国家还可能在成渝地区做出进一步的国家级战略规划。这将帮助四川进一步深化技术创新，调整资源分配格局，努力实现不同于"京津冀""长三角""珠三角"等城市群的发展态势，形成成渝地区互补互利、和谐共生的发展新格局。

四川也面临着如何将国家战略优势转化为战略胜势的挑战。目前，四川乃至整个成渝地区的综合实力和竞争力仍与东部发达地区存在较大差距，特别是基础设施瓶颈依然明显，城镇规模结构不尽合理，产业链分工协同程度不高，科技创新支撑能力偏弱，城乡发展差距仍然较大，生态环境保护任务艰巨，民生保障还存在不少短板。因此，要服务和利用好这些国家级战略，未来五年，四川还需要继续落实中央政策规划，解决成渝双城发展的政策协调、利益表达协商和联动机制，提高互联互通水平，增强协同创新能力，强化公共服务的共建共享，解决好"中部塌陷"问题。

二、未来五年四川发展既有新一轮科技革命和国家科技创新中心建设带来的机遇，更有创新成果落地转化和创新人才不足的挑战[①]

未来五年，随着国家科技创新中心建设和新一轮科技革命逐渐拉开帷幕，四川打造创新高地，实施创新驱动发展战略有了新的机遇。一是新一轮科技革命和产业变革带来的机遇。未来五年，新一轮科技革命持续深入，全球科技创新将继续呈现出交叉、融合、渗透、扩散的特征，大量颠覆性技术创新和发明涌现，引发全球产业体系的复杂、深刻变革。这有利于四川充分发挥科技资源优势，以科技赋能产业转型升级，实现跨越式发展。同时，人工智能、互联网、大数据等技术进步，对提高土地产出率、劳动生产率和资源利用率的驱动作用更加直接，并引领现代产业发展方式发生深刻变革。二是打造综合性国家科学中心的机遇。作为国家重点打造的综合性国家科学中心，国家在四川布局了7个重大科技基础设施（数量居全国第三）以及一大批国家重点实验室（14 个）、国家工程研究中心（7 个）、国家工程技术研究中心（16 个）等国家级科研平台。因此，未来五年，作为综合性国家科学中心主阵地的西部（成都）科学城，中国（绵阳）科技城的建设将迎来突破性进展，成渝科技创新融合发展专项规划，川藏铁路等国家技术创新中心，成都国家新一代人工智能创新发展试验区建设也将迈上新台阶。三是创新体制机制保障的机遇。《关于加强科技创新促进新时代西部大开发形成新格局的实施意见》指出，要支持西部地区加快科技体制机制创新，支持各类人才计划向西部地区倾斜，助力西部吸引、激励和留住人才，构建多元化投入机制，鼓励西部地区提高地方财政科技支出。这为未来五年四川实施创新驱动发展战略提供了体制机制的保障。

---

① 资料见《中共中央 国务院关于新时代推进西部大开发形成新格局的指导意见》。

但是，四川建设国家级科技创新中心还面临一系列的挑战。一是基础研发投入不足。四川基础研究支出占比始终较低，且占全国基础研发的比重一直呈下降趋势。2020年，四川基础研发投入经费仅为59.6亿元，占比5.6%，这导致四川高端先进装备关键共性技术、先进工艺、核心装备、基础原材料及零部件受制于人，产业整体发展后劲不足。二是创新成果转化平台建设不足。大量的创新成果停留在论文、专利阶段，全省在科技成果研发、中试、产业化三个阶段投入比例为1∶0.7∶100，尚无面向高校的概念验证平台和开展行业关键共性技术研发平台的中试熟化平台，企业与高校或者科研院所开展创新合作的比重仅为10.5%。三是以企业为主体的创新载体创新能力不强、承接创新成果的能力较弱。截至2022年，全省规模以上企业中有研发机构的企业仅占8.5%，高技术制造业企业仅占约8%，远低于广东（15%）。同时，四川还缺乏实现就地转化的"载体"，企业平均吸纳技术成交额仅排全国第18位。以绵阳军民融合技术交易中心为例，其现有登记成果超过4万项，但本地企业仅发布需求3 000余项。高校院所高水平成果本地转化少，如四川大学高分子材料成果转化落户江苏。四是高端创新人才不足、不稳定的挑战。四川国家级高水平专家入选数量仅为北京的16%、上海的26%。两院院士等高端人才主要集中在高校和科研院所，企业高层次创新人才缺乏。同时，四川创新人才队伍不稳定现象较为突出，有新的"孔雀东南飞"趋势[1]。

三、未来五年四川发展既有成都都市圈建设与超大城市功能疏解带来的机遇，更有如何推动区域、城乡和产业协调发展的挑战

未来五年，在协调发展方面，四川也面临一系列机遇。一是成都都市圈建设带来区域协调发展新机遇。作为成渝地区双城经济圈的双核之一，成都在四川经济的发展中一直起到引领作用。2021年11月，《成都都市圈发展规划》获批公布，旨在推动成德眉资四市破除行政区与经济区相分

---

[1] 资料见四川省社科院"关于加强关键核心技术攻关和成果转化应用、打造产业创新高地研究"。

割，推进同城化、一体化，推动相关地区基础设施互联互通、现代产业协作共兴、公共服务便利共享、生态环境共保共治，为全省乃至成渝地区实现区域协调发展探索可行路径。二是成都、重庆等超大城市功能疏解与大中城市承接产业转移带来的错位发展机遇。《成渝地区双城经济圈建设规划纲要》指出，推动超大特大城市中心城区瘦身健体。统筹兼顾经济、生态、安全、健康等多元需求，推动重庆和成都中心城区功能升级，合理控制规模，优化开发格局，推动城市发展由外延扩张式向内涵提升式转变，防止城市"摊大饼"，积极破解"大城市病"，合理控制开发强度和人口密度。这将为未来五年四川省内乃至成渝地区破除产业同质化问题，实现差异化、错位化发展提供机遇。

但四川要实现经济社会的协调发展，还面临多方面的挑战。一是如何实现区域协调发展。首先，成渝地区的协调发展程度较低。目前，成渝地区的一体化程度仍然较低，存在着城际交通联结不畅、区域协调机制缺位等问题。虽然重庆是四川的第一大国内贸易伙伴，但四川却只是重庆第四大贸易伙伴。其次，成渝内部产业发展同质化程度较高，没有形成错位化发展，产业之间处于相互竞争状态。《成渝地区双城经济圈规划》虽然指出要进行错位发展，建设相互协同的现代产业体系，但没有从根本上解决成渝之间产业同质化的问题。例如，四川省和重庆市的"十四五"规划均选取电子信息、汽车制造节能环保装备、新能源汽车、新材料等作为战略性产业和重点发展的优势产业。最后，四川省内城镇体系完备化程度显著低于长三角区域，且各城市间发展水平差异较大。全省仅有成都一座超大城市，缺乏大城市和特大城市。成都作为全省经济的龙头，人均 GDP 超过全国平均水平 45%，而其余地区人均 GDP 则仅为全国平均水平的 70%。二是如何统筹城乡协调发展。当前，四川发展的城乡协调还存在城乡要素交换不平等、公共资源配置不均衡，制约城乡融合发展的体制机制障碍。第七次全国人口普查数据显示，2020 年，除成都和攀枝花的城镇化水平分别达到 74% 和 66% 外，其余各地市的城镇化率大多在 50% 左右，远低于全国平均水平，较低的城镇化率拉大了城乡之间的发展差距。三是如何推进产业间的协调发展。四川现代产业体系建设尚不完善，产业间协调发展程度较低。作为拥有全部41个工业门类和超过1.6万户规模工业企业的工业大省，四川的生产性服务业发展水平与工业发展不相匹配，生产性服务业产值仅占全省服务业的37%，低于全国平均水平10个百分点；地方法人金融机构实力较弱，天使投资、股权投资机构较少，金融支持实体经济发展水平仍然不足，中小企业融资资本高达15%。

四、未来五年四川发展既有生产生活方式绿色转型的机遇，更有推动绿色低碳优势产业高质量发展和生态环境保护的挑战

四川推动生产生活方式绿色转型，服务国家"双碳"战略目标，迈向绿色高质量发展的优势较为突出。一是发展清洁能源产业的机遇。四川清洁能源发展基础优势明显，可开发空间大。四川天然气（页岩气）探明储量、年产量分别占全国的27.4%、22.9%，相关指标均居全国第一位。同时，风能、太阳能等清洁能源还有很大开发空间，全省技术可开发风能资源超过1 800万千瓦、太阳能资源达到8 500万千瓦。未来五年，随着国家双碳目标的推进，四川丰富的天然气（页岩气）、风能、太阳能等资源将得到大规模开发利用，有望再造一个"水电四川"。二是发展壮大清洁能源支撑产业的机遇。巨大的清洁能源开发空间也能够带动清洁能源支撑产业的发展。未来五年，四川规划的成都光伏高端装备产业集聚区，德阳水能、风能、太阳能、核能等清洁能源装备制造基地，自贡氢能装备制造先行区，内江、南充、资阳等地的节能环保装备产业将持续壮大。同时，大量清洁能源的开发也为四川带来了清洁能源输配电体系建设的机遇。三是发展清洁能源应用产业的机遇。未来五年，也是清洁能源应用产业爆发式增长的五年。在初步建立新能源汽车产业链的基础上，未来五年，宁德时代宜宾540亿元全球最大的锂电动力电池生产基地项目，遂宁天齐锂业2万吨电池级碳酸锂项目和蜂巢能源科技20GWh动力锂离子电池项目将建成投产。这将为四川完善新能源汽车产业链条，发展新能源应用产业提供巨大的机遇。四是推进生活方式绿色转型的机遇。未来五年，随着清洁能源

开发和清洁能源应用产业的推进，特别是新能源轿车、公交车等的普及，四川居民的生活方式绿色转型也会迎来巨大转变，低碳化、绿色化的生活方式将成为主流。

不过，四川推进生产生活方式的绿色转型也面临诸多问题和挑战。一是清洁能源开发面临多重瓶颈。随着水电开发向偏远民族地区延伸，移民安置、水电开发成本不断推高，加上水电输配通道不足，输出线路距离长、线损高、利用小时数低，年弃水发电量超过100亿千瓦时。而风电接入较为分散、分布式光伏发电等清洁能源就地消纳利用难度大。此外，由于电网负荷变化的规律较强，而新能源具有波动性和随意性的特征，降低了电力供应的可靠性，增强了电网平衡的困难。二是清洁能源应用产业开发不足。目前，四川清洁能源的应用产业中仅有动力电池产业发展较为迅速，但其他应用产业如新能源汽车的研发、制造，动力电池回收等行业发展较为薄弱，新能源企业创新平台建设仍然匮乏，清洁能源的消纳体系尚不完善，消纳能力较弱。三是清洁能源开发和应用过程中面临的生态环境保护问题。首先是水电开发逐渐向西部横断山区延伸，而这一地区生态环境较为脆弱，使水电开发的生态环境成本较高。其次是动力电池材料的开采、生产和回收中还可能带来严重的水土流失和空气、水污染的问题。

五、未来五年四川发展既有更高水平对外开放带来的机遇，更有对外联接通道建设不足带来的挑战

2021年10月，中共中央、国务院印发《成渝地区双城经济圈建设规划纲要》，提出要打造成渝内陆开放战略高地和参与国际竞争的新基地，助推形成陆海内外联动、东西双向互济的对外开放新格局。这为四川实现开放发展带来了多方面的机遇。一是建设西部陆海新通道、亚欧通道和优化畅通东向开放通道的机遇。未来五年，随着西部陆海新通道建设的推进、北向蒙古国、俄罗斯通道建设的完善，以及东向沿江通道与西向中欧班列的进一步提升，四川实行"四向拓展、全域开发"的格局将会打开，高水平对外开放平台迈上新台阶。二是建设高水平对外开放平台的机遇。

未来五年，在"一带一路"和成渝地区双城经济圈建设的引领下，四川将建设川渝自由贸易试验区协同开放示范区；以天府新区为重点，积极扩大铁路、港口、机场以适当方式对外开放，合理规划发展综合保税区、保税物流中心（B 型），推动实施高层级开放合作项目，打造内陆开放门户。三是优化营商环境，主动承接国际国内产业转移的机遇。未来五年，四川对外开放通道和交流平台的建立，将有利于各地区共建统一的市场规则、互联互通的市场基础设施，废除妨碍统一市场和公平竞争的各种规定和做法，打破行政区划对要素流动的不合理限制，推动要素市场一体化，营造良好的营商环境，更好地承接国际国内市场的产业转移。

四川建设西部对外开放新高地也面临着对外联接通道建设不足带来的挑战。目前，四川"四向拓展"中的西向和东向已经基本畅通，但南向的西部陆海新通道、北向的中蒙俄经济走廊建设尚未完成。同时，省内对外开放的交通枢纽仍然面临着竞争力不强的处境。具体而言，成都国际性交通枢纽的竞争力仍然不强，双流国际机场地面和空域容量受限、国际航线占比偏低、货邮功能不强，中欧班列（成都）双向运输不平衡。在北向上缺乏东出北上全国性综合交通枢纽，至京津冀、粤港澳大湾区、北部湾依然缺乏较高标准的高铁通道，泸州-宜宾、攀枝花全国性综合交通枢纽辐射带动能力弱。

六、未来五年四川发展既有打赢脱贫攻坚战带来乡村振兴的机遇，更有如何进一步推动城乡融合发展、实现共同富裕的挑战

未来五年，四川实现乡村振兴，推进共同富裕的外部环境、阶段特征和比较优势将发生深刻变化，面临一系列重大机遇。一是打赢脱贫攻坚战为四川带来了全面实现乡村振兴的重大机遇。随着脱贫攻坚任务全面完成，近 400 万群众脱离贫困，长期困扰广大农村群众的行路难、饮水难、用电难、通信难等问题得到有效解决。同时，党员干部队伍在脱贫攻坚战中经受锻炼洗礼，基层干部治理能力和治理水平大幅提升。这为未来五年四川实现乡村振兴乃至共同富裕奠定了坚实的社会经济基础和人力资源。

二是全省乡镇行政区划和村级建制调整改革带来城乡协调发展和乡村高效治理的重大机遇。2019年以来，四川推进乡镇行政区划调整和村级建制调整改革。到2020年改革初步完成，全省乡镇和行政村数量分别减少32.73%和40.6%，重塑了乡村经济和治理版图，乡村空间布局得到优化，顺应了农村产业规模化发展态势和城乡融合发展趋势。为未来五年四川继续推进城镇化发展的资源得到进一步整合，为乡村治理服务效能明显提升，为城乡协调发展和乡村振兴提供了有力支撑。

四川实现乡村振兴，推进共同富裕也面临诸多挑战。一是防止返贫工作依然面临较大压力。目前，四川虽然已经全面夺取脱贫攻坚战的基本胜利，但部分地区部分群体自身发展能力较弱，部分贫困地区搬迁户稳定意愿不强。如何从根本上防止返贫，促进脱贫群众致富仍然面临较大的压力。二是进一步推进城乡融合发展的挑战。四川城乡整体差距明显，且不断扩大，四川农村和城市居民人均可支配收入差值由从2011年的1.18万元扩大到2020年的1.79万元。全省城乡土地市场的二元分割特征仍然明显，城乡建设用地市场政策体系不够完善，"同地不同权、同地不同价"现象仍很普遍。同时，城乡之间要素交换不平等，基础设施和公共服务差距明显。三是农民持续增收缺乏新的支撑和动力，还存在制约农民共同富裕的体制机制。四川地区的农业生产仍然属于小农户生产模式，农业规模化、集约化生产占比较低，农村地区产业发展面临较大的用地、融资、人才引进等方面的问题。国际市场农产品价格波动对国内农产品生产交易的影响持续存在，农村居民的经营性收入增长可能趋缓甚至下降。此外，农村集体经济的带动能力不足，农民财产性收入增长乏力。

七、未来五年四川发展既有数字经济发展带来的机遇，更有新型基础设施建设滞后和本地数字化企业主体不强的挑战

2019年10月，四川省人民政府发布《关于加快推进数字经济发展的指导意见》，旨在加快数字经济发展，推动数字经济成为我省实现创新驱动高质量发展的重要力量。一是国家数字经济创新发展试验区（四川）建

设的机遇。未来五年，国家数字经济创新发展试验区（四川）在数字产业集聚发展模式、完善新型基础设施、开展超大城市智慧治理、加强数字经济国际合作等创新试验任务将逐步完成。这将推动四川加快建设全国一体化大数据中心国家枢纽节点，开展数字农业、数字乡村、5G+融合应用等试点示范，通过应用场景带动四川传统产业的转型升级。二是良好的产业基础和数字经济发展基础带来的机遇。作为拥有超过 700 万户市场主体的经济大省，四川拥有良好的产业发展基础。同时，四川已建成 5G 基站超过 6.6 万个，规模西部第 1，西部首个超算中心——成都超算中心建成投用，算力达 10 亿亿次每秒，进入全球前十。未来五年，随着 5G 基站、数据中心机架规模和工业互联网行业节点等数字经济基础设施的不断建设与完善，不仅会带来大量的投资机会，促进我省新型基础设施建设行业，设备装备开发行业，以及数字经济应用产业的发展，也将为促进传统产业的二次升级，推动数字产业化和产业数字化提供丰富的发展载体和市场空间。三是数字助力政府治理能力提升的机遇①。随着数字经济的不断发展，四川省利用大数据、人工智能和区块链等新技术来帮助政府提高治理能力与中国建设服务型政府的方向不谋而合。未来五年，四川将在现有电子政务外网的基础上，将电子政务网向村（社区）拓展，并建设全国一体化算力网络成渝国家枢纽节点、省大数据资源中心、智慧政务服务中台等一系列数字政府基础设施。这将为未来五年政府治理能力提升，服务四川经济高质量增长创造良好的机遇。

　　未来五年，数字经济将迅猛发展、产业数字化加速推进、数字技术竞争日趋加剧，这使得四川的数字经济发展面临一系列挑战。一是新型基础设施布局仍然滞后。四川在大型数据中心、工业互联网平台中稍显滞后，骨干通信能力亟需扩容，5G 基站建设还不能完全满足需求，数据中心统筹集约建设程度不高，重大产业技术创新平台培育储备不够，新型基础设施建设模式需要进一步探索创新等。2021 年和 2022 年，四川重点建设项目中，续建和新建新型基础设施项目分别为 31 项和 27 项，分别占当年全省

---

　　① 资料见《四川省"十四五"数字政府建设规划》。

重点基础设施数的 4.43% 和 3.87%。二是本土数字化企业主体不强，产业规模较小、产业集群尚未形成，面临来自东部数字经济发达地区的"虹吸效应"。整体而言，四川的数字经济行业领域较为齐全，但存在大而不强的情况，缺乏龙头企业和科技类独角兽企业。同时，重点领域和垂直行业典型示范的应用仍然缺乏，地区数字核心技术薄弱，主要的产业数字化平台均来自东部发达地区。三是进一步提高数字政府建设水平的挑战。当前，我省数字政府建设整体水平仍然不高，与先进省份的差距较为明显，存在着数字政府建设技术架构不清晰、数据存储管理不规范、安全防护体系标准不健全，电子政务网络集约化程度较低，部门业务专网互联互通不够，数据共享机制运行不畅，数据回流不足，数据资源质量不高等一系列短板和问题。

八、未来五年四川发展既有深化供给侧结构性改革带来的产业高质量发展机遇，更有三次产业转型升级、建设现代产业体系带来的挑战

未来五年，是深化供给侧结构性改革，建设现代化产业体系，推进经济高质量发展，乘势而上开启全面建设社会主义现代化四川新征程、推动治蜀兴川再上新台阶的关键阶段。一是推进农业现代化和建设优势特色农业体系的机遇[1]。未来五年，是四川由农业大省向农业强省跨越，与全国同步基本实现农业农村现代化的关键五年。《成渝地区双城经济圈建设规划纲要》明确提出，要建设现代高效特色农业带，构建现代农业体系。因此，未来五年，随着四川"10+3"的现代农业体系的完善，四川的农业现代化将得到更为快速的发展，农业现代产业体系也会得到进一步完善。二是工业的数字化、网络化、智能化发展机遇[2]。随着新一轮科技革命的到来和供给侧结构性改革的持续推进，四川的工业现代化进程加快，工业生产智能化水平不断提高。西门子和富士康成都工厂入选全球"灯塔工厂"，

---

[1] 资料见《四川省"十四五"推进农业农村现代化规划》。
[2] 资料见《四川省加快发展工业互联网推动制造业数字化转型行动计划（2021—2023年）》。

工业用工人数持续减少，2020年规模以上工业从业人数较2012年峰值的391.4万人减少101.4万人，未来五年，这一趋势将会持续。同时，随着工业领域的数字化、智能化持续推进，"5G+工业互联网云平台"不断完善，四川的传统工业企业将实现二次转型升级，助推我省制造业从产业链价值链的中低端向中高端迈进。三是推动服务业实现提质增效、转型发展的机遇①。作为四川经济社会发展的主要动力源，2020年，服务业市场主体占全省比重接近90%，服务业对经济增长的贡献率达42.5%，"4+6"服务业现代体系初步构建。未来五年，随着"一带一路"倡议和成渝地区双城经济圈建设等国家战略深入实施和供给侧结构性改革的推进，我省生产性服务业将向专业化和价值链高端延伸、生活性服务业向高品质和多样化升级，生产性服务业与制造业、农业深度融合，发展动能更加强劲。

四川推进三次产业转型升级、建设现代产业体系仍面临多重挑战。一是农业基础设施建设和农产品加工率不高。目前，四川已建成高标准农田仅占耕地面积的44.6%，全省有效灌溉面积和宜机作业高标准农田占比低，一些地区农业"靠天吃饭"的局面未能得到根本改变。农产品产地初加工率仅60%，低于全国水平8个百分点，农产品加工业产值与农业总产值之比为1.9∶1，低于全国2.2∶1的平均水平。二是传统工业发展的瓶颈期与新兴产业培育期相叠加。由于新兴产业尚未培育完全，四川工业发展存在中低端锁定的风险。四川核心技术装备对外依存度较高，现代化产业链体系建设尚不完善，部分生产环节垂直整合企业对产业带动能力不强，本土骨干企业长期处于被动跟随、同质化竞争、低附加值的发展阶段。此外，四川工业化率一直呈现出下降趋势，2019年为28.7%，同期全国为32%，而江苏、山东近年来基本维持在40%左右。三是服务业发展市场主体较弱，产业结构不优。2020年，四川仅有10家服务业企业进入"中国服务业企业500强"，远低于北上广等地区，也低于重庆的23家。同时，四川规模以上服务业企业占全省服务业企业总数的2%，生产性服务业占比较低，不能满足服务本地现代制造业、现代农业发展的需求。

---

① 资料见《四川省"十四五"服务业发展规划》。

九、未来五年四川发展既有人口大省带来的人力资源和医养行业发展机遇，更有劳动力流失和人口老龄化带来的挑战

作为常住人口排名第五的人口大省，四川拥有巨大的人力资源发展潜力，但也面临人口流出和社会现代化带来的人口老龄化问题。这为未来四川社会经济的发展带来了多方面的机遇。一是巨大的人力资源带来的发展机遇。2020年，四川劳动年龄人口总量超过5 200万人，每10万人中拥有大学文化程度的人达1.33万人。尽管这一数字低于全国平均水平，但考虑到四川庞大的人口基数，四川的人力资源总量和人力资源发展前景都不容小觑。根据"十四五"规划，到2025年，四川人均受教育程度将提高0.4年，人力资源水平将进一步提升。因此，作为经济发展的主要要素，未来五年，巨大的人力资源优势将助力四川走向高质量发展。二是人口老龄化带来的医养行业发展机遇①。2020年，四川60岁及以上人口的占比为21.71%，高出全国水平3个百分点，说明四川已进入深度老龄化阶段。但这也将为四川发展医养结合的现代服务业提供机遇，推动居家社区机构相协调、医养康养相结合的养老服务体系和健康支撑体系，带动从供给侧推动医养结合的健康养老服务及其配套设施的发展。

未来五年，四川在人口问题上还面临着许多挑战。一是劳动力严重流失的问题。四川虽然人口总量较大，劳动力供给充足，但是面临着较为严重的劳动力流失问题。四川省大数据中心的数据显示，仅2020年2月至3月，就有1 300万人外出务工。在外出务工人员中，15~44岁的青壮年劳动力占比达64.17%。此外，人口流出地以农村和经济欠发达地区为主。二是人口老龄化带来的发展压力。与2010年相比，2020年四川60岁以上人口比例上升5.41个百分点，全省总抚养比达到49.32%，接近50%的数量型人口红利的临界点，比全国高出3.42个百分点。同时，四川人口出生率呈下降趋势，新生人口下滑，"一老一小"问题较为突出。这将减少未来四川发展的劳动力供给，增加家庭养老负担和基本公共服务供给的压

---

① 资料见《四川省智慧健康养老产业发展行动方案（2019—2022年）》。

力。此外，由于四川智慧健康养老发展和应用还处在起步阶段，健康、养老资源供给不足、基础设施相对薄弱、缺乏成熟的商业模式，实现"老有所养"的压力较大。

第三节　四川经济发展面临的形势研判

结合未来五年四川发展面临的机遇和挑战，立足新发展阶段、贯彻新发展理念、构建新发展格局，确保既定目标任务落细落地落实，推动四川高质量发展，我们围绕新发展理念的内涵，从创新、协调、绿色、开发、共享五大方面来详细分析未来五年的四川发展重点领域。

一、坚持创新驱动，增强发展动力

（一）提高科技创新水平，推进成果转化应用

1. 强化科技力量建设

未来五年，四川需要加深与重庆在科技创新领域的合作，共同建设成渝综合性科学中心，聚焦航空航天、电子信息等领域的战略性产品开发，在成都天府新区集中布局建设若干重大科技基础设施和一批科教基础设施。立足成都天府新区西部重要人才中心和创新高地的战略定位，统筹天府国际生物城、未来科技城和成都高新区等资源，导入省内外高校的优势科技与人才资源，四川可以集中力量高水平打造西部（成都）科学城，聚焦空天科技、生命科学等四川优势领域加快组建天府实验室。此外，依托位于科技城新区的中国工程物理研究院等国家级科研院所和西南科技大学等高等院校的创新资源，高效率推动中国（绵阳）科技城突破性发展，构建军民融合创新转化、产业培育、人才开发、开放合作、金融服务的"五大体系"。

2. 加快创新载体建设

依靠四川大学华西医院在全国医院的领先地位（排名第二）、丰富医

疗资源，以及精准医学产业链上下龙头企业的现有成果，加速推动国家精准医学产业创新中心建设，锚定未来医疗健康发展制高点；依托成都及周边城市从航空设计、研发到制造环节完整的产业链条和夯实的产业基础，以及成飞集团这一航空装备研发、生产重要基地，加快建成国家高端航空装备技术创新中心；汇聚来自工业云制造、智能制造、电子信息等领域的企事业单位、高校、科研机构和社会团体的力量，推进工业云制造创新中心创建。

3. 促进创新成果转化应用

（1）建设中试（转化）基地。

面对当前论文、专利等创新成果丰富但转化不足的问题，四川应鼓励企业与高校或者科研院所开展创新合作，并加强各领域的中试基地建设，优选重大科技成果转化项目，建设中试工艺生产线，重点突破产业化前期的关键技术。加快建设成德绵国家科技成果转移转化示范区，大力引进和培育技术转移示范机构和示范企业。

（2）加快创新成果应用。

未来五年，四川可加强科技型企业与四川 270 余家科研院所、5 所"211 工程"重点院校的合作交流，鼓励省内制造龙头企业与国内外领军企业合作开展技术研究，加快培育平台型企业，建立科技创新成果产业化应用平台，提高企业承接本地科研成果的能力，打通科技创新成果在本地落户、走向产业市场的"最后一公里"。此外，四川还应加大力度鼓励科研人员利用自身创新成果创办企业，孵化培育一批有潜力的科技型企业。

（二）优化创新环境，建设高标准市场体系

1. 优化创新政策

（1）深化人才发展体制机制改革。

优化人才引进机制，依托四川中国西部经济中心的重要地位，从国内外重点高校引入创新型人才和急需紧缺人才，提高优秀人才落地的经费支持、事业支撑和生活保障，全方位为人才提供良好环境。完善人才培养机制，全面深入推行东西双向人才挂职交流制度，与东部经济发达地区在多领域开展干部挂职、跟班学习、交流培训。依托四川科技厅的科技创新创业人才及苗子工程项目，积极开展人才的培育；实施乡村人才振兴五年行动①，统筹实施一批重点人才项目，建立乡村振兴人才常态培训机制，充分发挥人才引领乡村振兴的关键作用，建立健全引导各类优秀人才服务乡村振兴长效机制。

（2）健全支持创新的财税和金融政策。

加大财税政策对创新的支持力度，统筹研究支持包括天使投资在内的投向种子期、初创期等创新活动投资的相关税收政策。探索实施促进创业企业发展的税收优惠政策，适当放宽创业投资企业投资高新技术产业的税收优惠政策，比如聚焦减税降费、适当降低社保费率等。基于成都西南地区金融中心和全国重要金融中心的优势，四川未来五年还需健全知识产权质押融资市场化风险补偿机制，简化相关流程，鼓励和引导各类金融资本支持科技型企业开展技术创新，并在部分金融市场繁荣地区开展专利保险试点，加快发展科技保险。

（3）加强科技创新政策与经济、产业政策的统筹衔接。

为推动创新成果产业化应用，四川还需加强创新政策与产业政策的有效衔接，加快形成从基础、应用研究到工程化产业化全链条的长远布局。优化科技重大专项组织实施方式，试行"全周期标准化评价"管理模式，推动专项成果转化和产业化。不断完善实施创新驱动发展战略的各项政策措施，推动政府管理创新，加快形成多元参与、协同高效的创新治理格局，营造支持创新创业创造的良好生态。加大加强知识产权保护运用，支持以科技成果出资入股确认股权，营造创新成果转化应用的良好环境。

2. 完善要素市场化决定机制

（1）重点推进土地管理制度改革。

未来五年，四川可加快修改完善土地管理法实施条例，总结吸收郫都区农村土地制度改革试点的经验，稳妥有序推进农村集体经营性建设用地入市试点，并制定相关指导意见，扩大国有土地有偿使用范围。完善土地

---

① 资料见《四川乡村人才振兴五年行动实施方案（2021—2025年）》。

管理体制，建立数字化土地管理模式，使土地管理高效化、数字化。

（2）引导劳动力合理畅通有序流动。

未来五年，四川需深化户籍制度改革，可结合各城市的具体情况选择性地放开放宽城市落户限制，建立城镇教育、就业创业、医疗卫生等基本公共服务与常住人口挂钩机制等。畅通劳动力和人才社会性流动渠道，加大人才引进力度，优化人才引进政策，比如借鉴上海自贸区等地人才引进措施，在中国（四川）自由贸易试验区推行绿卡、工作签证等政策，为产业创新发展增加人才储备。

（3）加快培育技术和数据要素市场。

在新一轮科技革命迅猛发展，大数据、物联网等正在成为国际竞争制高点的背景下，四川未来五年可以重点健全职务科技成果产权制度，深化科技成果使用权、处置权和收益权改革。深化基础研究国际合作，组织实施国际科技创新合作重点专项，探索国际科技创新合作新模式，扩大科技领域对外开放。探索建立统一规范的数据管理制度，提高数据质量和规范性，制定数据隐私保护制度和安全审查制度。并优化经济治理基础数据库，提高各地区各部门间数据共享化水平。

（4）提升资本市场化配置效率。

加快建设全国性资本要素交易平台，规范发展地方要素交易场所，着力打造具有行业影响力的金融机构，并完善支持小额贷款、商业保理、融资租赁等地方金融组织规范发展的扶持政策和监管制度，充分发挥地方金融"毛细血管"作用。此外，稳步推进区域性股权市场改革试点，优化私募基金市场准入环境，全面推动优质企业与项目上市融资，提高资本市场直接融资比重。

（5）加强资源环境市场制度建设。

基于丰富的天然气资源，四川未来还需重点深化天然气市场化改革，逐步构建储气辅助服务市场机制。此外，作为拥有1 419条河流的"千水之省"，四川还应加快构建绿色要素交易机制，健全排污权、用水权等交易机制。

3. 探索经济区与行政区适度分离改革

依托成渝地区双城经济圈发展战略，学习借鉴深圳汕尾特别合作区管理权和所有权分离的经验，四川可以与重庆携手在川渝高竹新区积极探索经济区与行政区适度分离改革，突破行政壁垒，推动要素自由流动和合理配置，加速推动川成渝地区双城经济圈经济一体化发展；探索一体建设的组织管理机制、共建共享的公共资源配置机制、市场主导的产业协作机制、互利共赢的利益联结机制以及导向鲜明的监督考核评价机制。

（三）加快发展现代产业体系，推动经济体系优化升级

1. 深入实施制造强省战略，推动制造业高质量发展

（1）提升产业基础能力和产业链供应链稳定性。

依托制造强省战略，四川可以鼓励企业围绕整机和系统需求，不断提升核心基础零部件（元器件）、关键基础材料和基础工艺的可靠性及稳定性，支持突破产业链薄弱环节，实施工程化、产业化改造项目。此外，四川可以围绕电子信息、汽车制造、航空航天等优势产业的产业链统筹推进锻长板和补短板，全方位持续开展稳链、补链、强链和延链工作，全力保障供应链稳定，提高产业链供应链韧性和根植性，夯实制造业高质量发展的根基。

（2）培育打造具有国际竞争力的先进制造业集群。

四川要发挥制造业的规模优势、基础配套优势和部分领域先发优势，培育产业生态主导型企业，加大垂直一体化整合力度，重点培育发展五大万亿级支柱产业，构筑国家重要先进制造业中心核心支撑，依托夯实的新能源开发应用、高端装备制造等产业基础，未来五年四川可重点壮大战略性新兴产业，培育成都平原城市群、川南城市群、川东北城市群三大"新能源汽车应用基地"，打造世界级装备制造产业集群。此外，四川应推进开发区"提扩培引"工程实施，打造千亿级园区，培育省级开发区后备梯队，加快打造一批具有国际竞争力和区域辐射带动力的先进制造业集群。

（3）促进制造业绿色化、数字化、网络化、智能化转型。

加快传统制造绿色低碳转型，积极发展绿色产品和绿色供应链，推动

行业结构低碳化、制作过程清洁化、资源能源利用高效化。更多地依靠数据、技术等新型生产要素，促进数字技术与制造业融合发展，建设制造业大数据服务平台，提升数据采集存储和分析应用能力。推动互联网和实体经济深度融合，加快建设和发展跨行业、跨领域的工业互联网，开展制造业"上云用数赋智"行动。深化新一代信息技术植入渗透，实施智能制造工程，提高重大成套设备及生产线系统集成水平，大力发展智能制造单元、智能生产线，建设智能车间、智能工厂。

2. 加快发展现代服务业，全面提升综合竞争力

（1）推动商业贸易转型发展。

依托成都、泸州等全国跨境电子商务综合试验区和成都国际商贸城，未来五年，四川可加快推动商业贸易转型，促进线上线下融合互动、平等竞争，构建差异化、特色化、便利化、智能化的现代商贸服务体系，支持商品交易市场转型升级。四川也应基于自己商贸规模优势，开展零售业提质增效行动，加快推进传统商贸和实体商业转变经营模式、创新组织形式、增强体验式服务能力。

（2）推动现代物流创新发展。

提高供应链管理水平，大力发展单元化物流和多式联运。加快发展冷链物流、城乡配送和港航服务。加快推进物流基础设施建设，强化重点物流节点城市综合枢纽功能，全面打通对粤港澳大湾区、京津冀地区、长三角地区的联系通道，构建形成以成都为中心，四川主要经济区核心城市为二级支点，最终辐射全川的物流网络体系。依托四川的物流枢纽优势，完善国际物流大通道和境外仓布局，发展国际物流。

（3）推动金融服务积极发展。

稳步扩大金融业对内对外开放，放宽金融机构准入限制，稳妥推进金融业综合经营，培育具有国际竞争力的金融控股公司。大力发展普惠金融，鼓励发展科技金融、绿色金融，规范发展互联网金融。大力发展保险业。积极发展融资租赁。推动金融机构数字化转型，探索区块链等金融新技术研究应用。积极稳妥推进金融产品和服务模式创新，有效防范和化解

金融风险。

（4）推动文体旅游融合发展。

依托丰富的旅游资源和深厚的巴蜀文化底蕴，未来五年，四川可以着力创建文体旅产业融合发展示范区，加快打造大九寨、大峨眉、大熊猫、大蜀道、大遗址等 10 大文旅精品，推动"以文化提升旅游，以旅游传播文化"的文旅融合发展模式建设。

3. 构建新型农业经营体系，大力发展现代农业

基于夯实的农业基础，未来五年四川可以加快培育发展新型农业经营主体，逐步形成以家庭承包经营为基础，专业大户、家庭农场、农民合作社、农业产业化龙头企业为骨干，其他组织形式为补充的新型农业经营体系，争取到 2025 年基本形成现代农业"10+3"产业体系。依托各区域农业资源禀赋，加快建设优势聚合、产业融合的现代高效特色农业带，打造有竞争力的优势特色产业集群。全面落实粮食安全，稳步提升粮食产量，深入推进"菜篮子工程"，开展优质粮食工程和"天府菜油"行动，布局建设"鱼米之乡"试点县、乡镇，确保粮食年产量稳定在 3 540 万吨以上、油菜籽年产量超 320 万吨。完善农产品价格调控机制，切实保障农产品的市场供应和价格总体平稳。

二、坚持协调发展，构建平衡发展格局

（一）推进成渝地区双城经济圈建设，打造带动全国高质量发展的重要增长极和新的动力源

1. 做强成渝发展主轴

（1）增强成都极核和主干功能。

以建设践行新发展理念的公园城市示范区为统领，成都可以加大基础研究和应用基础研究投入力度，发挥产学研深度融合优势，高水平建设天府新区、西部（成都）科学城等，提升自主创新能力，加速科技成果向现实生产力转化，构建支撑高质量发展的现代产业体系、创新体系、城市治理体系，打造区域经济中心、科技中心、世界文化名城和国际门户枢纽，

发挥"主干"引领和国家中心城市的辐射带动作用。

（2）促进成都都市圈一体化发展。

统筹推进成都都市圈基础设施建设，加密都市圈交通网络，构建1小时通勤圈。创新都市圈发展体制机制，协同推进"三区三带"建设，以成都国际铁路港大港区联动德阳共建成德临港经济产业协作带，以天府新区联动眉山共建成眉高新技术产业协作带，以成都东部新区联动资阳共建成资临空经济产业协作带。推动生态环境共保共治、民生服务共建共享，促进教育、医疗、养老、环保等政策衔接。

（3）推动成都东进与重庆西扩相向发展。

深化川渝合作共建，推进成渝相向发展，加快推进共建重大项目的实施。依托成渝北线、中线和南线综合运输通道，推动中心城市极核带动功能沿轴带扩散，支持德阳、眉山、资阳、遂宁、内江等城市优先承接功能疏解和产业外溢，协同发展通道经济和枢纽经济，夯实成渝地区中部支撑。发挥成都都市圈辐射作用，发展都市圈卫星城，打造都市圈功能协作基地，做强绵阳、乐山区域中心城市，建设雅安绿色发展示范市，带动成都平原经济区一体化发展。

2. 带动两翼协同发展

（1）加快川南经济区一体化发展。

发展壮大泸州、宜宾区域中心城市，宜宾市做强食品饮料产业，打造世界消费品工业重镇，全国性综合交通枢纽；泸州市大力发展优质白酒产业，打造长江上游航运贸易中心、区域医药健康中心，协同打造西部陆海新通道和长江经济带物流枢纽。加快内江自贡同城化发展，在内江市建设现代农业高新技术产业示范区，发展新型材料产业；自贡市则重点壮大节能环保产业，建设区域性物流中心。

（2）促进川东北经济区振兴发展。

积极培育南充、达州区域中心城市，在南充市重点打造全国汽车汽配产业基地，在达州市重点建设东出北上综合交通枢纽和川渝陕结合部区域中心城市。在广安市建设国家级承接产业转移示范区，壮大广蓉生物医药产业园，做强生物医药产业。在广元市推进铁路综合物流基地建设，壮大铝基材料产业。巴中着力建设新能源新材料产业园，打造成渝地区绿色产品供给地和产业协作配套基地。

3. 辐射三带联动发展

高质量构建成德绵眉乐雅广西攀经济带。依托西成高铁、宝成—成昆铁路和沿线高速公路构成的综合运输通道，强化成都对德阳、绵阳、眉山、乐山、雅安、广元、攀枝花和西昌的辐射带动作用。其中，在绵阳、德阳、乐山和眉山分别着力发展数字经济、装备制造产业、光伏产业和绿色建材，并推动雅安建设中国·雅安大数据产业园和水电消纳产业示范区。

（1）培育壮大成遂南达经济带。

依托成达万高铁、达成铁路和沿线高速公路，发挥遂宁、南充、达州等城市支撑作用，织密城际干线运输网络，加快构建铁海联运新通道，塑造通道经济、枢纽经济新优势。加强重要功能平台建设，打造区域物流枢纽、国家级承接产业转移示范区，推进生产力沿高铁通道优化布局，推动能源化工、先进材料、机械汽配、绿色食品、丝纺服装等产业转型发展，建设东出北上开放大走廊。其中，在遂宁重点发展锂电新材料产业，建设成渝发展主轴绿色经济强市和联动成渝的重要门户枢纽。

（2）优化提升攀乐宜泸沿江经济带。

托长江黄金水道及沿江高速公路、铁路，加强攀枝花、乐山、宜宾、泸州等城市紧密对接和分工协作，联动推进岸线保护开发和航道港口建设，协同重庆打造长江上游航运枢纽，加快提升沿江区位和港口优势。增强国家级开发开放平台功能，建设临港产业、先进制造业、现代物流、清洁能源基地和沿江绿色生态走廊，壮大世界级白酒产业集群和钒钛产业集群，打造长江上游绿色发展示范区和沿江生态型城市带。

4. 促进区域协调发展

结合资源禀赋优势，项目化清单化推进五大片区"十四五"发展规划实施，充分发挥五大片区的比较优势，突出功能定位，推动差异化协同发展，强化片区间功能协作和产业配套，推动成都平原经济区与其他片区协同联动，提升主导产业特色化集群化。在环成都经济圈、川南和川东北经济区分别培育形成经济总量占比高、综合承载能力强、创新发展动能强、区域带动作用强的全省经济副中心。加快攀西经济区转型升级，推进安宁河谷综合开发，打造国家战略资源创新开发试验区。推动攀枝花创建钒钛产业创新中心，建设世界级钒钛产业基地，加快凉山州建设清洁能源产业基地。推动川西北生态示范区绿色发展，建成国家生态文明建设示范区，大力发展生态旅游产业，打造国家全域旅游示范区和国际生态文化旅游目的地。

（二）协同推进新型城镇化，促进城乡融合发展

1. 完善新型城镇化战略，提升城镇化发展质量

（1）加快农业转移人口市民化。

深化户籍制度改革；放开放宽除个别超大城市外的落户限制，试行以经常居住地登记户口制度；健全农业转移人口市民化机制；完善财政转移支付与农业转移人口市民化挂钩相关政策，提高均衡性转移支付分配中常住人口折算比例。

（2）完善城镇化空间布局。

发展壮大城市群和都市圈，分类引导大中小城市发展方向和建设重点，形成"一轴三带、四群一区"城镇体系格局。加快县城补短板强弱项，推进公共服务、环境卫生、市政公用、产业配套等设施提级扩能，增强综合承载能力和治理能力，推进以县城为重要载体的城镇化建设。

（3）全面提升城市品质。

加快转变城市发展方式，统筹城市规划建设管理，实施城市更新行动，推动城市空间结构优化和品质提升。提升城市治理科学化精细化智能化水平，提高城市治理水平。完善住房市场体系和住房保障体系，加快建立多主体供给、多渠道保障、租购并举的住房制度。

2. 坚持农业农村优先发展，全面推进乡村振兴

首先，在乡村振兴方面，四川可充分发挥全国农业大省的优势，加快

推进农业现代化发展。基于丰富的农产品，四川应加强农产品初加工和精深加工，重点建设一批农产品加工示范园，形成完整的农产品产业链。其次，四川应依托丰富的水电和天然气资源，结合凉山州风电基地以及"三州一市"光伏基地建设规划，加快促进农村能源向清洁能源转型。此外，四川应推进乡村治理体系和治理能力现代化，并以"多规合一"为引领，推进美丽乡村、"五网"基础设施建设和农业供给侧结构性改革，提升农村基本公共服务能力。最后，巩固拓展脱贫攻坚成果，做好与乡村振兴的有效衔接，在凉山州开展巩固拓展脱贫攻坚成果同乡村振兴有效衔接示范。

3. 健全城乡融合发展体制机制

建立健全城乡融合发展体制机制和政策体系，推动城乡一体化发展，全面提高城镇化发展质量和水平，建设具有巴蜀文化特色的宜居城乡。加强分类指导，合理划定功能分区，优化空间布局，促进城乡集约发展。提高城乡基础设施一体化水平，因地制宜推进城市更新，改造城中村、合并小型村，加强配套设施建设，改善城乡人居环境。加强城乡在人力资源、农产品、生态旅游等方面的交流合作，实现互利共赢。

（三）推动产业协调发展，促进产业结构优化

1. 促进服务业与现代农业、制造业的融合发展

面对产业间协调发展程度较低，生产性服务业无法与农业、制造业的发展情况相匹配的问题，四川未来应重点推动生产性服务业的发展，促进三大产业协同发展。依托四川科研院所、高校以及银行等资源，加快推动金融服务、研发设计服务等重点生产性服务行业集聚集群发展。深化"两业融合"，积极培育新业态新模式，鼓励和支持制造业企业加大要素投入，增强生产性服务能力。

2. 推进现代农业与制造业的融合发展

基于多种农产品产量位居全国第一的种植业优势，四川在未来还需加强农业和制造业的融合，推动农产品加工业加快发展。建设一批农产品加工技术集成基地，加大生物、工程、环保、信息等技术集成应用力度，加

快新型非热加工、新型杀菌、分离、节能干燥、清洁生产等技术升级，开展精深加工技术研发，不断挖掘农产品加工潜力、拓展增值空间。比如，在四川粮食产量较高基础上，鼓励主食加工业发展。

三、推动绿色发展，促进人与自然和谐共生

（一）改善生态环境，建设美丽四川

1. 加强自然生态保护修复

贯彻绿色发展理念，四川未来五年需大力实施重要生态系统保护和修复重大工程，全面构建"四区八带多点"生态安全战略格局，提高生态系统自我修复能力，切实增强生态系统稳定性。加强自然保护区基础设施和管理能力建设，有序推进自然保护地确权登记，完善生物多样性观测监测预警体系，加大力度保护珍稀濒危动植物资源。构建"天空地人"一体化监测监管平台，开展生态状况监测评价。

2. 深入打好污染防治攻坚战

打好污染防治"八大战役"，其中，重点深化蓝天、碧水、净土保卫行动。借鉴脱贫攻坚的经验方法，建立污染防治攻坚重点县清单，实行省直部门、国有企业、科研院所与重点县"一对一"结对攻坚。加快重点行业超低排放改造，推进散煤清洁替代。深化区域联防联控联治，加快成都平原、川南、川东北城市群大气污染治理，加强沱江、岷江、涪江等重点流域综合治理和长江岸线保护。加强重点区域土壤整治和城市污染场地治理。

（二）推动生产生活方式绿色转型

1. 加快推进传统产业绿色低碳转型

首先，未来五年，四川需要加快推动存量项目改造提升，把产能置换作为淘汰落后、压减过剩、控制增量、调优存量，推动传统产业转型升级、绿色低碳发展的重要措施抓实抓细抓深，逐步构建起淘汰落后与发展先进的良性互动机制，推动传统产业向高效低碳转型发展。其次，需要鼓励企业加大对绿色生产工艺技术的创新研发力度，推广智能化生产线、超

低排放与节能降耗新技术的应用。此外，在全省推广企业通过数字化、网络化、智能化改造以及应用先进生产、节能、环保工艺技术，走以工业高端化、智能化支撑绿色化，以工业绿色化引领高端化、智能化转型发展的成功经验，加快推动高污染、高耗能传统产业优化调整生产结构和能源结构，加快传统产业的绿色低碳转型。最后，还应鼓励传统产业加快研发绿色产品，从供给端助力生活方式的绿色转型。

2. 完善现代能源网络体系，提高清洁能源供给能力

（1）科学有序推进基地建设。

依托四川丰富的风、光、水以及天然气页岩气资源，在夯实清洁能源发展的基础上，未来需进一步向清洁能源的集约化、规模化迈进。一要统筹布局风、光、水多能互补的能源基地建设。充分发挥风、光、水等清洁能源的比较优势，利用出力互补特性，依托流域梯级水电的调节能力和送出通道，积极推进雅砻江等流域风、光、水多能互补的开发示范项目建设。二要深挖金沙江、雅砻江、大渡河流域水电潜力，稳步推进金沙江、雅砻江、大渡河水电基地建设，不断巩固四川的水电优势。三要合理开发天然气资源，加速建设国家级天然气综合开发利用示范区、天然气千亿立方米产能基地，打造中国"气大庆"。

（2）构建多元化储能体系。

在拥有丰富的水、风、光资源，以及基本完善的清洁能源体系基础上，未来四川需要继续加强两个方面的建设。第一，优化各类储能布局。发挥各类储能技术的经济优势，构建以金沙江、雅砻江、大渡河流域梯级储能为长周期调节，抽水蓄能和长时电化学储能为中周期调节，短时电化学储能为短周期调节的多能互补储能体系，满足系统供需平衡、新能源消纳、电网支撑等不同类型需求，打造国家储能发展先行示范区。第二，完善电力调峰机制。依托四川丰富的天然气资源，通过科学布局天然气调峰电站来实现电力调峰，弥补清洁能源发电间歇性、不稳定性等问题，破除风力发电和光伏发电的发展瓶颈，确保清洁能源供给的安全、稳定、经济。

（3）完善清洁能源输配体系。

当前，四川清洁能源输配体系尚不完善，成为制约清洁能源开发的重

要瓶颈。打破这一瓶颈，四川需要从以下三方面着手：一是完善电力输配网络，构建智能电力系统。加强省内骨干电网建设，完善电力输配网络。重点围绕清洁能源基地开发和输送、负荷中心地区电力需求增长、省内大型清洁电源接入需求，建设各电压等级协调发展的坚强智能电网。并以智能电网为基础构建智能电力系统，有效对接油气管网、热力管网、电动交通网络，发展成"源—网—荷—储"协调发展、集成互补的"能源互联网"新模式新业态。二是继续推动特高压线路建设，拓展电力外送通道，贯彻国家"西电东送"能源发展战略，在保障四川清洁能源消纳的同时助力东、中部地区绿色发展。三是完善页岩气、天然气主干和支线网络建设，增强油气输送能力，将四川的天然气和页岩气资源优势有效转化为经济优势。

3. 拓展清洁能源应用，保障清洁能源消纳

在加快清洁能源开发和输配体系建设的同时，也要注重消费端发力，加快清洁能源应用产业发展，以提高清洁能源本地消纳比例，实现最大化的综合收益。第一，加快建设清洁能源消纳产业示范区。积极推进示范区"专线供电""直供电"试点，引导激励高耗能企业在示范区落户并完成电能替代，提高清洁能源的本地需求。第二，加速推进绿色交通工程。建立并完善换电充电相结合的基础设施体系，加快城市交通向绿色交通转型，全面推动公共交通、公务用车和市政用车的新增车辆电动化，大力引导家用汽车电动化。第三，推动新能源汽车产业提档升级。支持新能源企业创新平台建设，鼓励企业、研发机构和高校联合创新，共建产学研创新平台。支持省内新能源汽车龙头企业发展，吸引电池生产制造企业和动客车等终端应用企业，提高新能源汽车产业链融合程度。第四，加快夯实基础设施，助推大数据产业发展。加大投入建设规模以上的数据中心，着力补齐关键技术短板，引国内外龙头企业数据资源落地。

4. 推动生活方式绿色转型

基于绿色发展理念和污染防治攻坚战，未来五年，四川可继续加大对简约适度、绿色低碳生活方式的宣传力度，使绿色生活理念深入人心。一

是大力提倡绿色出行，号召民众优先选择城市公共交通、自行车、步行等绿色方式。二是全面实施《四川省生活垃圾分类和处置工作方案》，从源头着手通过推动快递业绿色发展、减少塑料袋使用、限制一次性用品、倡导绿色消费和光盘行动等措施减少垃圾产生，从循环利用的角度优化城市再生资源回收利用体系、鼓励再生资源回收利用企业规模化、集约化生产经营等措施，着力构建再生资源收集、分拣、运输、加工和利用完整产业链。三是加快推进节能环保产品的生产应用。

四、深化四向拓展，打造内陆开放战略高地

（一）打造高能级对外开放平台

1. 高质量建设中国（四川）自由贸易试验区

为了更好地承东启西，立足内陆，未来四川可加快建设高质量的中国（四川）自由贸易试验区。结合不同片区的优势，统筹规划3个片区的发展重点。在成都天府新区片区重点发展现代服务业、高端制造业、高新技术、临空经济、口岸服务等高端技术及服务产业，在成都青白江铁路港片区重点发展国际商品集散转运、保税物流仓储、整车进口、特色金融等口岸服务业和信息服务、科技服务、会展服务等现代服务业。充分利用泸州的区位、港口、航运等优势，在川南临港片区重点发展航运物流、港口贸易、教育医疗等现代服务业，以及装备制造、现代医药、食品饮料等先进制造和特色优势产业。推进大宗商品储运基地、数字自贸区和重大产业项目建设，强化高能级开放平台建设。

2. 着力提升开放口岸能级

推进机场、铁路和港口口岸开放，建设内陆口岸高地。提升成都双流国际机场口岸能级，加快建设成都天府国际机场、九寨黄龙机场航空口岸，加快雅安、遂宁等机场项目前期工作，完善省内机场布局，提升全球性航空枢纽竞争力。支持成都国际铁路港、泸州港、宜宾港拓展口岸功能，创建更多进境产品指定监管场地。

3. 务实建设国际（地区）合作园区

未来五年，四川可发挥外国驻蓉领馆在对外交流合作中的桥梁和纽带作用，探索创新"两国双园""一园多国"等新模式，打造产业多元、特色鲜明的合作园区。促进合作园区外资外贸提质创新，进一步提高对当地开放型经济的贡献度。高品质建设海峡两岸产业合作区、川港合作示范园，鼓励各城市结合自身优势产业与其他国家（地区）协作建设产业合作园区。

4. 打造一流国际交往平台

高水平建设中国—欧洲中心，努力打造中国西部与欧洲开展贸易、投资和技术合作的综合性服务平台。扩大西博会影响力，搭建西部地区参与共建"一带一路"深化同世界各国交流合作重要平台。高标准举办"海科会"，架设中国西部与世界人才合作的重要桥梁。提升重点展会专业化国际化水平。主动承接国家主场外交活动和国际性会议，引进更多高层论坛对话、前沿品牌展会、国际赛事活动等。

（二）四向拓展，全域开放

1. 突出南向，深度融入东南亚南亚国际市场

未来五年，四川需要深化与北部湾经济区的协作，携手加强补齐通道短板，合力推进自成都经泸州（宜宾）、百色至北部湾出海口的西部陆海新通道西线建设，全面对接21世纪"海上丝绸之路"和中国—中南半岛、孟中印缅经济走廊。此外，加深与粤港澳大湾区的交流合作，借助大湾区在金融、航运、贸易等方面的优势，通过承接大湾区的产业转移，大力发展电子信息、智能制造和数字经济等，构建现代产业体系。鼓励支持四川企业赴大湾区投资和开展国际化经营，共同拓展"一带一路"沿线国际市场。最后，主动参与中国—东盟框架合作，融入区域全面经济伙伴关系协定（RCEP）大市场，扩大与东南亚南亚国家经贸合作。

2. 扩大北向，积极融入中蒙俄经济走廊

加强与关中平原、华北、东北地区交流合作，重视与京津冀、兰州—西宁等城市群联动、协作，积极参与中蒙俄经济走廊建设。积极对接跨境

经济合作试验区，充分利用国内国外两个市场、两种资源，深入开展贸易、商务、金融、旅游等多方面的合作交流。依托东方经济论坛等重大平台和中俄"两河流域"地区合作机制，支持企业参与伏尔加河中上游地区经贸投资合作。提升经蒙古国至俄罗斯中欧班列效能，打造木材、汽车等大宗商品贸易新通道。

3. 深化西向，加快融入新亚欧大陆桥经济走廊

完善"蓉欧+"班列基地，创新"欧洲通"运营模式，打造"干支结合、枢纽集散"的高效集疏运体系，以中欧班列（成都）为纽带积极融入中国—欧盟、中国—中东欧合作机制，深化与波兰、荷兰、德国等合作，扩大与欧洲国家在生物医药、精密机械、航空制造、文化创意等领域高层次合作。鼓励省内企业融入"一带一路"建设，参与沿线国家和地区能源基础设施建设。深化智库交流合作，加强对"一带一路"沿线国家和地区投资环境、投资政策等全方位多层次研究。

4. 提升东向，全面融入长江经济带发展

充分发挥成都国家中心城市的辐射作用，加快建设成渝经济区和成渝城市群，深化川渝在推动基础设施互联互通、推动区域创新能力提升、推动产业协作共兴等多方面的合作，着力打造长江经济带成渝核心增长极，共同打造内陆开放高地和开发开放枢纽，并带动长江上游其他省（市）发展，引领带动西部地区更高水平开放。依托长江黄金水道和沿江铁路，构建通江达海、首尾互动的东向国际开放大通道，主动对接长三角一体化发展，积极融入亚太经济圈。积极承接长三角产业转移，加强成都与上海资本市场融通发展，主动推进成德绵创新带与G60科创走廊协同联动。

五、坚持共享发展，促进社会公平

（一）支持特殊地区发展

1. 加快民族地区发展

以基础设施建设为重点，着力改变民族地区生产生活条件。加快交通基础设施建设，实施民族地区国省干道改造升级，加快三州三级通县公路

改造，推进都江堰至四姑娘山线、九寨沟世界遗产旅游线等山地轨道交通项目，研究加密支线机场。

以经济建设为中心，加快民族地区经济发展。大力推进产业化经营，发挥民族地区农业的基础和比较优势，建设特色优质农产品基地和生态种养业园区，培育扶持名优特产品，打响"净土阿坝""圣洁甘孜""大凉山"等特色品牌，发展特色农业和绿色生态农业。提高农产品加工能力和加工深度，不断优化农业结构，加速培育新的经济增长点。大力发展劳务经济，加强劳务技能培训，组织少数民族农村劳动力进入大中城市劳务市场。深入挖掘藏羌文化，彰显民族文化魅力，厚植生态本底，发展全域旅游。

以教育、卫生为突破口，全面发展民族地区社会事业。实施教育发展振兴计划，持续实施"学前双语教育推进工程"，在藏羌等民族地区加大力度推广普及国家通用语言文字，探索建立民族教育创新试验区。推进新一轮卫生发展十年行动计划①，集中解决民族地区的基层医疗卫生机构业务用房和基本医疗设备配备问题，改善基层医疗卫生服务条件，优化服务环境，加强人才队伍建设，完善服务功能和运行新机制。

2. 提升脱贫地区发展

实施脱贫地区特色种养殖业提升行动，广泛开展农产品产销对接活动，深化拓展消费帮扶。支持一批乡村振兴重点帮扶县，从财政、金融、土地、人才、基础设施、公共服务等方面给予集中支持，增强其巩固脱贫成果及内生发展能力。坚持和完善省直部门、国有企业、科研院所与重点县对口支援、定点帮扶等机制，调整优化协作结对帮扶关系和帮扶方式，强化产业合作和劳务协作。全面落实《关于切实加强就业帮扶巩固拓展脱贫攻坚成果助力乡村振兴的指导意见》，持续做好脱贫人口、农村低收入人口就业帮扶。支持凉山州开展巩固拓展脱贫攻坚成果同乡村振兴有效衔接示范。

---

① 资料见《四川省民族地区卫生发展十年行动计划（2021—2030 年）》。

（二）促进重点人群共享发展，推动人口与社会和谐共进

1. 积极应对人口老龄化

基于四川庞大的老龄人口数量，稳妥实施渐进式延迟法定退休年龄政策，促进人力资源充分利用。积极推进职工基本养老保险全国统筹，完善多层次养老保障体系，探索建立长期护理保险制度框架。依托四川丰富的医学资源，加快建设居家社区机构相协调、医养康养相结合的养老服务体系和健康支撑体系，发展老龄产业，推动各领域各行业适老化转型升级。

依法组织实施三孩生育政策，促进生育政策和相关经济社会政策配套衔接，健全重大经济社会政策人口影响评估机制。发展普惠托育服务体系，重点推进婴幼儿照护服务工程实施，推进教育公平与优质教育资源供给，降低家庭教育开支。

2. 促进妇女全面发展和未成年人保护

全面实施妇女发展纲要和儿童发展纲要，促进妇女全面发展，加强未成年人保护。推动妇女和经济社会同步发展，确保妇女平等分享发展成果，积极参与经济活动。积极保障妇女合法权益，保障妇女基本医疗卫生服务，发展面向妇女的职业教育和终身教育。努力构建和谐包容的社会文化，打破有碍妇女发展的落后观念和陈规旧俗。

完善保障未成年人权利法规政策体系和制度机制。加强法治宣传力度，深入开展系列宣传活动。提升未成年人关爱服务水平，完善未成年人保护机制。汇聚社会力量，建立未成年人保护工作专家库、社会资源库、法务资源库、专业社工库四个方面的社会支持系统，为未成年人保护工作提供有力支撑。组建覆盖全市的街镇儿童督导员、居村儿童主任队伍。

3. 保障残疾人合法权益

完善残疾人社会保障制度和服务体系，保障残疾人生命健康权、生存权、发展权。建立健全残疾人防止返贫监测和帮扶机制，强化残疾人社会救助保障、完善残疾人社会福利制度、提高残疾人社会保险覆盖范围以及待遇水平等政策措施，积极发展服务类的社会救助，来改善残疾人的生活品质。健全包括残疾人康复、教育、就业、文化、体育、无障碍环境等在

内的关爱服务体系，加快发展残疾人慈善事业、志愿服务和服务产业。

（三）提升国民素质，增进民生福祉

1. 建设高质量教育体系

（1）构建优质均衡的基本公共教育服务体系。

未来五年，四川应加快实施学前教育提质扩容工程，加强公办幼儿园和小区配套幼儿园建设，规范发展民办幼儿园，建立健全幼儿园评价监督机制，整改或者关停不合规的幼儿园。实施义务教育能力提升工程，推动学区制管理，系统建设优质数字教育资源平台。实施高考综合改革推进工程，推动高中普及攻坚，逐步化解大校额问题，推动普通高中多样化特色发展。

（2）构建支撑技能社会建设的职业技术教育体系。

以大规模开展职业技能培训为抓手，以应用型人才培养为引领，深化职普融通、产教融合、校企校地合作，开展国家产教融合建设试点，创建产教融合示范区，支持行业企业参与职业院校办学。

（3）构建开放多元的高等教育体系。

以高校为载体，完善以立德树人为根本的协同育人体系，夯实以机制创新为重点的人才培养体系，加快推进"双一流"建设工程，加强基础学科建设，优化学科布局，推进高校重点研究基地建设，支持驻川部属高等院校开展战略性研究，鼓励地方高等学校开展应用性研究，促进高等教育内涵式发展。开展高质量中外合作办学，引导民办高校健康发展。

（4）建设学习型社会。

推动"学分银行"建设，落实学习成果认证制度。建立和完善继续教育的有关制度，打破隔绝教育领域与劳动工作领域之间的壁垒。健全企业职工综合教育机制，多元化发展社区教育和老年教育，完善服务全民的终身学习体系。

2. 改善人居环境

（1）改善提升城市人居环境。

推进大气污染防治和污水排放管控。构建"源头严防、过程严管、末端严治"大气污染闭环治理体系。加强细颗粒物和臭氧协同控制、多污染物协同减排，推进"散乱污"企业整治，严控工业源、移动源、面源排放。运用物联网、大数据及云计算技术，建立入河排污口排查、监测、溯源、整治、管理工作体系，实现"环境水体-入河排口-污染源"闭环和动态联动管控。改造老旧街区、老旧小区、老旧厂区。

（2）整治提升农村人居环境。

高质量开展农村人居环境整治"五大提升行动"，稳步解决"垃圾围村"和乡村黑臭水体等突出环境问题。

推进农村生活生产垃圾就地分类和资源化利用，力争到 2025 年，全省畜禽粪污综合利用率达到 80% 以上，规模化养殖场粪污处理设施装备配套率达到 100%。以乡镇政府驻地和中心村为重点梯次推进农村生活污水治理。支持因地制宜推进农村厕所革命，力争五年内完成农村卫生厕所全覆盖改造提升。推进农村水系综合整治。深入开展村庄清洁和绿化行动，实现村庄公共空间及庭院房屋、村庄周边干净整洁。

第三章　技术技能型人才与产业发展

产业发展会带动社会对技术技能型人才的巨大需求，二者的紧密匹配是经济高质量发展的关键基石。党的十九大强调构建现代化经济体系，将发展着眼于实体经济，以提升供给体系质量为主攻方向。党的二十大强调，坚持把发展经济的着力点放在实体经济上，推进新型工业化。2021 年 4 月，全国职业教育大会提出建设技能型社会的理念，培养适应产业升级和转型升级需求的技术技能型人才成为实施强国战略的有效手段。经济高质量发展已成为我国新时代经济发展的核心目标，规模宏大、素质优越、结构合理的技术技能型人才队伍对产业升级、自主创新能力提升至关重要。职业教育与产业发展相互匹配，是本章从产业结构、就业市场和产业技术发展三个维度提出的框架，强调技术技能型人才的职业发展对于经济高质量发展的必要性和战略性。

第一节　产业发展对技术技能型人才的影响

随着中国经济社会迈入新时代，各类产业也加快了发展速度，我国许多产业正处于高速发展和转型升级的重要发展阶段，而为实现重要的跨越式发展需要大量的技术技能型人才，其中，对高技术技能型人才的需求特别高，高级别技术技能型人力资源已经成为实现经济高质量发展和产业转型升级的重要支撑力量。并且各产业发展与信息化、数字化深度结合，截至 2022 年，在产业数字化与数字产业化的双向互动中，我国高技术产业将保持高速增长。从工业看，2022 年 1~4 月份，高技术制造业增加值同比增长 11.5%。从服务业看，2022 年 1~4 月全国服务业生产指数同比仅增长 0.3%，而信息传输、软件和信息技术服务业生产指数同比增长 13.9%。显然，高技术产业在助推经济转型升级中发挥着重要作用。但劳动市场高技能人才供给不足的问题日益突出，高技能人才供给增长缓慢，单一的技术技能型人才已不能较好地满足产业快速发展的需要。截至 2017 年，我国高技能人才超过 5 071 万人，仅占全社会就业人口的 6.5%。这远远不能满足三大产业升级带来的人才需求。农业现代化、高新技术产业、金融、物流等服务业都需要具有专业技能的复合型人才作为"推进器"。高技能人才供给取决于高技能人才发展培养效率，产业结构转型会影响技术技能型人才发展培养效率。

产业发展与技术技能型人才培养是相互成就相互促进的关系。回顾"十三五"时期，我国制造业蓬勃发展，从制造大国走向制造强国，人们胸怀"大国工匠"精神，崇尚技能风气在社会上初步形成。职业学校紧跟产业走，科学规划专业布局，产教融合，校企合作得到了发挥。截至 2021 年，数据显示，全国职业院校有 1 300 多个专业，覆盖了国民经济各领域约 10 万个专业。制造业、战略性新兴产业和现代服务业等领域的一线新增从业人员 70%以上专业出身职业院校，为产业发展与实体经济发展提供了巨大力量。

一、产业发展对技术技能型人才的直接影响

产业的发展将提高对高层次技术技能型人才的需求。产业发展与结构调整对技术技能型人才需求的影响显著。传统经济学理论分析认为，产业结构的变化影响着劳动力和国民收入的分配，从而影响着就业结构的变化。产业发展不仅意味着产业的发展升级，而且使劳动力需求结构也得到升级。其主要表现为对低层次劳动力和初级技术技能型人才的需求相对降低，对中高级技术技能型人才的需求相对提高，其中对高技术技能型人才

的需求上升更迅速。为抵抗产业转型升级压力，企业在向劳动力市场释放高技术技能型人才需求扩张信号的同时，也会增大对高技术技能型人才的培养投入力度，例如建立培训基地、支持职工技术技能进步、增加高技术技能型人才待遇，以及提升高技术技能型人才职业发展空间等，从而促进高技术技能型人才发展。在劳动力市场信号引导下，低层次和低技术技能型劳动力将会长期选择增加自身知识和技能，以适应劳动力市场需求结构的变化，向高技术技能型人才转型。随着新技术、新产业的迅速发展，社会对高科技人才的庞大需求也随之产生。但是，与快速增长的需求相比，中国的高技术技能型人才依然不足。据报道，近年来，智能制造、集成电路、人工智能、生物医药等领域的人才缺口指数居高不下。人社部最新发布的 2022 年第一季度全国招聘求职"最缺"职业 100 强排行榜显示，制造业缺工持续，电子信息产业需求回升明显变高了。也有企业为设置了部门却"招不到人"而烦恼。许多企业高薪招聘人才，但应者寥寥。面对人才缺口，政府部门也积极行动，一些地方已经出台了针对性的人才引进政策，但短期内，人才缺口还是比较大，较难快速得到满足。可见，高质量技术技能型人才不足使高科技等产业发展受到制约。我国发展仍处于重要战略机遇期，但我们要看到，机遇和挑战都有新的发展变化。特别是在新一轮科技革命和产业变革深入发展的背景下，我国发展中的矛盾和问题集中体现在发展质量上，推动经济社会高质量发展的要求更加迫切。因此，我国要重视培养高技能人才，不断激发人才创新活力，以高质量就业促进经济高质量发展。

就业是民生之本，地方政府为缓解产业发展带来的结构性失业，会增加对转型失业劳动力和低技术技能型人才的培训，为低层次劳动力和低技术技能型人才向高技能人才转变提供政策支持。同时，产业发展也会带来院校人才培养模式的转变，推动院校开展产教融合并进一步强化校企合作，扩大技术技能型人才培养规模，提升技术技能型人才培养层次和培养质量，为高技术技能型人才发展提供机遇。相关教育机构会在教育体系完善、专业与课程调整、教育方式方法创新等方面积极转型。产业发展新趋势下技术技能型人才培养应该如何定位、如何适应与调整自己的专业设置方向、如何进行教育教学手段创新等是相关人才培养机构所面临的挑战。相关教育机构应当积极应对产业发展时代的新变化和新要求，主动求变，突破传统的教育观念，培养掌握新技术、具有新思维的创新型技术技能型人才。

产业发展会带动人才市场的发展，一般高级别产业集聚的地区拥有较高的发展水平与发展平台，以及较好的人才市场环境，也会拥有较完善的人才培养制度和基础设施以及较高的福利水平。产业的发展有利于改善技术技能型人才的工作环境、拓宽技术技能型人才的发展渠道，提升技术技能型人才的福利待遇；同时员工和企业的创新进步也同样有利于促进产业的发展，二者相互促进、共同发展。并且更好的产业发展创新氛围和工作生活环境都会强化技术技能型人才流动的意愿。

二、产业发展对技术技能型人才的间接影响

产业结构影响职业教育专业人才培养。产业结构的转型升级在很大程度上会影响高校人才培养的方向，尤其会对技术技能相关专业设置产生较为深远的影响。职业教育是一种以产业需求为导向的教育系统，产业生产所需的劳动力人员在很大程度上来自职业教育的相关培养，特别是现代化大生产所需的高技术技能型人员更可能是来自职业教育专业培养。因此，大量培养"适销对路"的技术技能型人才是职业教育应对产业结构变化需要的重要途径之一，职业教育在很大程度上需要承担社会功能的重要职责。从具体层面来看，国家产业结构规定了职业教育的专业结构和专业规模以及水平等。职业教育主体必须积极主动地让自己的培养价值观契合产业发展的具体需求。各大高校应对培养相关人才的专业进行科学、系统的评价，同时国家对专业发展优秀的大学要进行鼓励，推动其积极扩招。针对高技能人才特别是青年高技能人才短缺的现状，我国要完善技术工人培养、使用、评价、激励、保障等方面的措施，推进技工学校改革，增加对技工学校的经费支持。我国在 2010 年便已经出台了《国家中长期教育改

革和发展规划纲要（2010—2020 年）》，要求要将职业教育纳入经济社会发展和产业发展的规划中，职业教育规模、专业设置应适应经济社会发展需要，从国家层面明确了职业教育匹配产业结构、匹配经济发展的具体要求与规划。

产业的快速发展会带来地方竞争方式的变化，产业发展可能会强化产业间的人才竞争。当中央政府把"新发展理念"作为评价导向时，地方政府的竞争目标逐渐会转向高质量发展。人才是经济发展的第一资源，技术技能型人才是地方产业发展的重要支撑力量。有关研究表明，技术技能型人才的流失可能会加剧区域经济发展差距。因此，不少企业间的竞争战略可能会逐渐转向人才竞争。而为缓解本地相关企业与产业对技术技能型人才的短缺现状，地方政府可以根据本地产业及有关企业的发展需要大力引进一批技术技能型领军人才，并发挥其带动效应，吸引更多的技术技能型人才汇聚，从项目和政策上打造技术技能型人才集聚区，为产业发展积累人才后备力量。地方政府一方面可以加大对技术技能型人才发展的政策扶持力度；另一方面，也可优化高技术技能型人才使用环境，为高技术技能型人才的合理流动和配置提供公共服务保障，促进经济均衡发展

第二节　职业教育与产业发展匹配逻辑

在现代社会经济发展过程中，职业教育与产业发展是紧密关联、相互影响、共生共赢、互为因果的，二者相互影响、相互促进，并通过不断变化来适应社会发展，进而共同助力经济高质量发展。产业发展的不断推进，对劳动力配置、规模调整和劳动力质量都提出了相应的要求。不合理的劳动力配置、规模和质量会制约国家产业发展。职业教育作为技能人才培养的基本单位之一，肩负着为相关产业提供人才支撑、技术支撑的重要责任，是产业发展的重要推动力量。《国家职业教育改革实施方案》指出，职业教育应使"专业设置与产业需求、课程内容与职业标准、教学过程与

生产过程相适应"。但我国依然存在职业教育专业建设滞后于产业发展的问题，并且还存在技能人才供给数量不够充分的问题，人才供给水平和区域分布也存在不合理的状况①。我国职业教育仍有不少需要改进的地方，部分问题亟待解决。虽然校企合作是解决部分问题的重要途径之一，但仅靠校企合作去解决存在的所有问题是不足够的，要解决当前中国在经济快速发展、产业转型升级、创新驱动发展需求和收入分配等方面存在的问题，需要不断从历史、现实中寻找问题出现的原因并找出应对方法，以缓解当前面临的问题。探索具体解决路径，需要结合职业教育与经济社会发展和产业发展的现状，结合未来经济技术发展趋势，动态调整和优化职业教育办学模式、教育模式、培养模式、评价模式等，这是新常态下创新发展国家战略对职业教育发展的内在需求。推动创新发展已经成为解决相应问题的关键举措，而创新发展的质量在一定程度上取决于人力资本效能的发挥。缓解职业教育与产业发展匹配的相关问题，需要从根本上构建体现产业结构和人的价值共同演绎的利益综合体，破解国家转型难题。当前高等教育和中高职教育面临着越来越大的挑战，部分高新技术产业的高素质、高水平技术技能型人才的稀缺性较高，当前中国经济发展受经济结构形态调整、增长迅速、压力较大等多重因素影响。新兴产业发展迅速，我们更需要在技术技能型人才培养改革和发展中做出进一步的调整。

一、结构匹配：产业结构与专业布局

产业结构反映了各产业之间的资源占有关系，包括自然资源、技术、劳动力等因素。随着我国经济的高速增长，产业结构的不断升级等必然会对占有劳动力的数量和类型提出更高的要求。从宏观层面来看，职业教育在一定程度上定位于直接服务国家经济，各专业培养的人才是直接进入生产一线的产业骨干。职业教育专业布局需要与产业需求及其结构紧密结合。

首先，产业结构的构成和发展在很大程度上决定着职业教育及其专业

---

① 曹晔，李国林. 制造业发展与职业教育改革［J］. 教育与职业，2008（18）：9-11.

布局调整的方向。一方面，职业教育的专业划分主要依据产业和行业，但同时还需要兼顾其学科体系。这种划分规则决定了不同类型的专业布局需要去迎合国家产业发展的具体需要，而不是学科发展的需要。另一方面，从服务对象来看，职业教育专业的主要服务对象是区域主导产业和支柱产业，同时辐射相关辅助产业和基础产业。专业的总体布局应满足不同地区产业的发展。职业教育专业群建设即专业布局要适应产业结构的变化调整，在原有专业布局的基础上，按照产业逻辑，形成产业链上的专业组合。产业各部门之间的边界互补适应消极的发展趋势①。

职业教育专业布局水平也会影响产业结构的形成和发展的速度。教育的经济功能在一定程度上决定了教育体系如何服务于社会。相对于普适性的教育，职业教育的服务对象更加广泛，培养目标更具有专业性，与经济、社会的关系更加直接和密切。劳动力是推动产业发展的重要因素，知识、技术可以通过劳动力转化为生产力来推动产业的发展。合理的专业布局能够有效地满足区域产业对劳动力种类和数量的需求，使之在宏观层面上形成合理的劳动力分布，从而加快国家产业结构的优化和发展。

职业教育的专业结构与产业结构存在匹配不协调的问题。这主要体现在专业结构和产业结构的匹配协调性等方面，有学者收集了 1997—2016 年间的产业结构、就业结构和高职专业结构等的数据，通过对比分析后发现职业教育的专业结构、就业结构与产业结构在一定程度上存在有不协调的问题②。有研究者以江苏、浙江两地现代产业中的汽车、制造、建材、化工、物流、金融和房地产等产业的人才需求为例并且分析其相关数据，通过对比分析发现，两地职业教育的专业结构和人才培养结构匹配不够充分，并且认为区域范围内职业教育专业结构并未有力支持当地的支柱产业结构、人才需求结构，表现出专业结构与产业结构的不适应的问题。

具体来看，提高职业教育体系与产业发展的匹配度，走出农村职业教

---

① 刘晓，钱鉴楠. 职业教育专业建设与产业发展：匹配逻辑与理论框架 [J]. 高等工程教育研究，2020（2）：142-147.

② 王立胜. 新农业发展背景下饲料产业的技术型人才培养路径 [J]. 中国饲料，2022（1）：143-146.

育适合的道路是农村人才培养的重要途径，是农村经济发展的重要保障手段，技术技能专业的合理布局与农村相关产业的无缝对接是助力乡村振兴的重要力量。农村职业教育与乡村产业作为社会功能、发展特征、运作方式完全不同的两个个体。在实现无缝对接的过程中，我们必须确保两者相适应、相融合，单纯发挥双方各自的功能是远远不够的，应该保留双方的特色，但是要协调双方的利益，而且，我们还可以调和双方职能、利益、目标的不一致，促进二者的和谐发展。目前，农村职业教育与农村产业对接机制呈现出一定程度的分离状态。一个有机整体的协调发展，需要一个系统枢纽，政府部门就是协调农村职业教育和农村产业这两个主要子系统的枢纽。政府部门作为政策的制定者和引导者，在整个推动农村发展的过程中起着重要作用。但是，在实践过程中，政府的领导作用和统筹能力还有待进一步充分发挥出来。具体表现为产教融合等的观念内涵和动力不足，在职业院校和企业中没有得到传播，产业发展—教育融合的观念空洞，农村职业学校的专业设置与乡村产业发展需求存在一定程度上的偏差。职业院校在办学及专业定位中缺乏服务农村产业发展的精准匹配战略观念，企业在人才管理上缺乏教育融合的主动适应性，在人力资源开发和培养上也缺乏专业性与针对性。机制建设是参与主体在相互对接及融合过程中，对实践的现实成果和不足所引发的经验总结，农村职业院校的专业布局和农村产业发展的机制还有待进一步完善。

从发展历程来看，无论发展阶段如何划分，中国职业教育专业布局和产业结构变迁发展的配合最引人注目的时期是改革开放以来的时期。这是因为改革开放赋予了人们创新和突破原有枷锁的观念与胆识。因为在微观层面上，其实现了人们对产品和个人价值的追求与憧憬。在宏观层面上，与1978年前相比，这个时期职业教育的专业布局和产业结构发生了巨大变化，但是当时存在的职业教育和产业面临的问题有对职业教育战略意义的关注不够、职业教育与产业需求结合不够、微观层面和中观层面研究职业教育与产业结构的关系问题有待进一步深入、产业结构与职业教育互动模式产业结构影响着职业教育专业结构等。产业技术结构的发展在一定程度上决定了职业教育专业的布局，职业教育在很大程度上缺乏产业技术与人才需求的对应性，在当前高等职业教育规模扩大的同时，我们还应进一步关注办学定位、办学模式、专业结构、课程体系等板块的具体运行模式，进一步促进专业布局与相关产业的结合。

二、市场匹配：就业市场与专业规模

就业市场按照市场机制配置和调整劳动力的市场形式①。其表现为对劳动力供给的类型、结构和质量的需求随市场需求变化。产业部门是就业主力军，产业转型升级不断深化，将引发就业市场的调整。在一定程度上可以发现，就业市场是区域产业发展需求的显性表现，是区域职业院校专业人才供给与用人单位需求之间的主要媒介渠道。专业规模主要涵盖了专业的设置数量、配置数量和招生人数等方面的内容②，学校可以预测地区专业人才供给结构的比例和层次结构。首先，就业市场需求是职业教育专业改革调整的重要依据，职业教育学生的就业面向市场情况与大学生就业市场相比，具有较强的地域性就业特征等。主要是因为，一方面，专业规模的调整要依据就业市场对劳动力数量和结构的需求数量来调整。不同产业的劳动力吸纳能力会表现出不同的地区就业市场需求量，地区资源禀赋的部分差异可能会反映出地区产业结构的差异。另一方面，专业领域的规模调整因地区不同人才需求也不尽相同。我国部分地区的产业发展步伐与专业规模并不统一，有待进一步精准匹配，由于发展阶段不同，各地对人才需求的相关条件如学历、技能、经历等方面也存在差异。

职业教育可以培养生产、服务、技术、管理等相关产业一线急需的高素质劳动者和技术技能型的应用人才。不少学校也较为注重培养学生的职业能力，具有以职业为导向，以就业服务为目标等的特点③。在职业院校

① 马世洪. 以供给侧改革破解大学生就业市场结构性矛盾 [J]. 中国高等教育，2016（10）：15-18.

② 雷洪德. 文学本科专业规模大发展的原因与代价 [J]. 大学教育科学，2011（3）：28-33.

③ 刘晓，周明星. 近三十年来我国职业教育原理研究的回顾与展望 [J]. 职业技术教育，2009，30（10）：17-27.

的人才供给中，培养多少数量的人才、培养什么类型的人才主要受专业领域规模的限制与控制。为了满足不同地区就业市场的劳动力差异化需求，专业岗位规模应根据就业市场需求以及相关产业需求进行调整与改革。学校还应培育合理的职业教育专业规模，设置合理的专业数量与种类，这是就业市场平稳运行及健康发展的重要保障力量之一。产业结构可以反映人才供给的结构性趋势，就业市场数据可以反映人才供给结构的实际情况。两者的偏差会直接影响产业发展的速度和质量。职业教育专业规模作为控制流入就业市场劳动力的控制阀，可以协调各专业培养的人才数量并调整专业人才培养结构。如果职业教育的专业规模与就业市场的需求匹配不充分，就可能会出现人才供给的结构性过剩等问题[①]，就业市场对劳动力的需求停滞，区域产业也无法在短时间内吸收过剩的劳动力，职业教育作为区域产业的人力资源支撑源头的作用也将会弱化。

具体来看，与普通教育模式相比，职业教育的人才培养具有更高的专业性和更强的产业服务性。农村职业教育的主要功能是为农村提供具有生产、技能、专业知识和管理能力的一线劳动力，为农村产业发展提供技术和智力支持，协助农村经济发展。但是，我国农村职业教育专业规模与农村产业发展对人才就业市场的需求存在严重的不匹配现象。乡村产业就业人才需要不符合专业规模数量。职业教育的服务属性决定了农村产业的构成和发展，是农村职业教育专业规模和调整的基础。同时，农村职业院校的设置决定了培养劳动力的职业种类和职业分布，因此也会对农村产业结构的形成和发展产生一定影响。目前，我国农村产业结构正处于调整和优化阶段，但农村职业教育专业规模的设置缺乏对现代农业等相关产业的涉足。在观光农业、加工农业、订单农业等领域，学校缺乏专业支持与人才培养。在少数民族聚居的地区，有助于农村教育和民族产业发展的专业也不多。这充分说明，农村职业教育在设置专业规模时，没有就业市场情况对专业规模的具体需求。农村职业教育专业规模设置滞后于农村产业现代

---

① 马世洪. 以供给侧改革破解大学生就业市场结构性矛盾 [J]. 中国高等教育, 2016 (10): 15-18.

化发展的步伐。

　　我国产业队伍劳动力大部分来自职业学校，全国有 1 400 多所职业院校，每年可以提供毕业生 300 多万人，为产业发展提供了充足而持续的人才力量。进入 21 世纪后，随着新经济的发展，中高端产业的高新技术含量的逐步提高，企业生产自动化和智能化水平也在不断提高，对相应技术人才的文化素养、专业理论知识和技术水平等要求也大幅提高，创新能力、学习能力、岗位转移能力的缺失在一定程度上反应了我国职业教育存在的需要改善的方面，新知识、新技术和素质能力等方面的内容没有及时融入职业教育的教学内容，毕业生能力结构和产业需求智力能力的结构也存在匹配系统的偏差。这种偏差是由职业教育错位导致的，部分职业教育人才培养模式已不能适应现代产业发展，职业院校的部分毕业生也已不具备现代产业发展所需的能力与高级别技能，在一定程度上不能适应现代产业的相关岗位要求。

三、技术匹配：产业技术与技能培养

　　产业转型升级主要表现为在微观上拥有越来越复杂的技术能力[①]。工业技术是科学技术的体系化，是生产特定产品或提供特定服务的相关技术。科学技术具有一定的潜在生产力，而产业技术具有比较直接的生产力，在一定程度上决定着产品的质量、成本、水平和性能。与其他教育相比，职业教育更注重技能的培养。以产业为例，所谓技能，就是基于已有的知识和经验所训练出来的应对任务的方法。产业技术之间的差距使得各产业所需的专业技能不一样，这种差距是职业教育各专业人才培养的核心竞争力所在。其主要表现在：一是产业技术是职业教育技能培养的发起点。在传统的职业教育培训中，学生的技能培养主要是根据生产技术的需要来设置的。也就是说，以前只关注产品生产过程的一部分或某个部分，不太重视产品生产的系统全貌。这种培养方法具有一定的边缘性，即只强调劳动者技能学习的纵向深度，即熟练度、精度，但却弱化了横向技能培

---

　　① 赵孝亮. 让职工插上"中国制造"的腾飞翅膀［J］. 班组天地，2020（8）：111.

训与学习的发展路径广度。随着技术的进步，机器可以执行更为复杂的工作，参与更多的工作程序，人类从手工劳力现场解放了出来。人们不再是在特定生产线上与机器协同工作的操作者，而是作为旁观者，扮演起了整个生产线的决策者、协调者、管理者的角色。因此，技能训练不仅仅局限于特定工程的生产技术，而是面向体系化的产业技术。比起生产技术，产业技术更具有张力。它允许工人只专注于某个产业环节，同时也允许工人有一定的技能的扩展，在一定程度上保证了工人能改变技术的现状，使得生产过程具有一定的生产性的活力。二是技能的培养对于产业技术发挥生产力至关重要。三是技能是发挥产业技术生产力作用的重要载体之一。技术不仅是依赖于人的行动而发生的，技术的所有丰富特性也都体现在人的使用中①。一方面，技术从出现开始就对人们形成了无形的制约力量，人在一定程度上必须按照技术规定的要求一步一步来驱动它，进而达到预期的目的。技能是人利用技术实现生活目标的重要驱动力，是满足需求的手段。另一方面，继续推进技能标准化将会提高产业技术的生产效率。人们在利用技术的同时，还处于技术定型化的行为模式之中。技能培养是使用技术规范行为的过程，其目的是减少技能和技术规范存在的偏差。只有通过缩小技能和技术规范存在的偏差，技术才能进一步转化为生产力，实现最大的工作效率。如果技能训练和技术脱节，技能个性化、随意性因素逐渐扩大，技术技能的有效驱动就会大幅度地下降，技术无法在产业活动中提供最优的生产力。工人只有牢牢掌握专业的技能才能发挥真正的生产者的作用。产业技术与技能培养的协调，既需要政府适度的干预，也需要技能教育与培训机构的积极匹配。只有教育与培训机构培养的人才和产业结构需要的人才保持适当的比例，职业教育和产业结构才能充分协调，才能使职业教育成为促进产业升级和发展的重要人才资源与技术力量。

当前，我国还存在技能培训与产业技术需求不匹配的情况。产业转型升级在微观上表现为越来越复杂的技术需求，技术成为实现农村产业发展的重要保障和依托。技能培训是受教育者直接参与生产、服务农村产业发

---

① 肖锋. 技术的人性面与非人性面 [M]. 北京：科学技术文献出版社，1991：28-29.

展的主要途径，是农村职业教育发展的直接落脚点和归宿点。职业教育与普通教育模式相比，更注重对象技能的培养。不同程度的产业技术决定了产业对劳动力技能的具体要求，同时产业技术的实现和进步也受职业院校培养劳动力技能水平的影响。由此可以说明两者的关系；职业教育的人才技能培养是产业技术需求的基础和准绳，产业技术的劳动力技能培养是实现农村经济高质量发展的重要途径和更新方式，两者必须高度统一才能更好地促进农村职业教育与农村产业的协同发展。现阶段农村职业教育技能培训停留在培养农业生产基本功层面，农民普遍缺乏信息化农业生产知识，缺乏现代乡村产业发展的扎实的高科技设备操作技能和管理技能。技能培训与产业技术要求的不匹配，导致技能培训中个性化和随意化因素的扩展，限制了技术的应用，阻碍了产业技术的发展，影响了技能培养促进农村产业发展的效果。

创新驱动发展已经成为国家战略，但变革的关键也在一定程度上取决于人力资本效能的发挥，促进产业技术与技能培养的精准匹配能助力经济的高质量发展。为了进一步解决国家转型的难题，新兴产业、战略产业、新的商业模式层出不穷，当前高等教育和中等职业教育面临着越来越大的挑战。在高素质、高水平技术技能型人才日益稀缺的当前，我国经济发展面临着经济结构形态、增长方式和全球压力等多重变化的影响。随着新兴产业的迅速发展，我国应该在技能人才培养改革和发展中做出更进一步的调整与优化，进而促进职业教育与产业发展的充分匹配，缓解当前存在的问题，促进经济健康、均衡地发展。

第三节　技术技能型人才培养与产业发展匹配

技术技能型人才是支撑中国制造、中国创造的重要力量。加强技术技能型人才队伍建设，强化技术技能型人才培养，对巩固和发展工人阶级先进性，促进产业发展，增强国家核心竞争力和科技创新能力，缓解就业结构性矛盾，推动高质量发展具有重要意义。技术技能型人才是技术工人队伍的核心部分，也是人才队伍的重要组成部分，是推动技术创新和实现科技成果转化不可或缺的重要力量。随着产业发展步伐加快，产业结构优化升级，现有的大多技术技能型人才已无法满足产业转型发展需要。因此，我国应创新技术技能型人才体系，加快培养一大批数量充足、结构合理、素质优良的技术技能型人才，实现技术技能型人才培养与产业发展相匹配，为产业经济发展提供强有力的人才支持。

一、专业目录与产业目录匹配

专业目录即院校培养各种专门人才的分类目录。一般来说，在就业导向的背景下，院校的专业设置应与对应的职业高度相关。然而，目前的技术技能型人才培养机构的专业设置普遍存在专业设置固化、同质化严重、前瞻性不足、产业匹配度低等问题。以广东省 5 所"双高计划"建设院校为例，2020 年 5 所院校设置财会相关专业 49 个，占全部专业总数的15.51%，热门专业扎堆明显[①]。而对于一些新兴产业，专业设置则较少。另外，综合型专业显著缺失，各大专业各自为战，难以形成集合式的、开放式的、无边界式的培养格局。这也在很大程度上制约了复合型技术技能型人才的培养。因此，推动专业目录与产业目录匹配是加强技术技能型人才培养的首要任务。

突破专业壁垒，推动产业发展进程。技术技能型人才是指在生产和服务等领域岗位一线，掌握专门知识和技术，在工作实践中具有一定经验技术和操作技能的操作人员[②]。这一类人才不仅需要掌握自身的专业知识，还需要具有一定的管理思维，既能做好一线的操作任务，也能够有效利用理论知识加强实践运用。因此，技术技能型人才的培养不能仅局限于其自身专业知识的培养，更应该为其提供拓展知识面，多方面提升自我的平

---

① 陈小娟."双高计划"视域下高职院校专业设置与结构调整的路径选择：基于广东省 5 所"双高计划"建设院校的实证分析 [J]. 职业技术教育，2022 (9)：33-37.

② 陈彦初，唐湘桃. 高职复合型技术技能人才培养模式改革：现实困境与实施路径 [J]. 南方职业教育学刊，2022，12 (4)：55-61，70.

台。技术技能型人才培养院校可以突破专业壁垒，打造特色专业群；依据就业导向，根据用人单位岗位任务的需要和职业能力的要求，将相关专业进行"有机"融合[①]；重构课程体系，坚持以职业能力培养为主线，以实践应用为导向，知识面拓展为辅的教学原则；积极开发拓展综合性、复合型课程，构建跨专业学习小组，加强技术技能型人才能力培养；充分发挥专业群的集聚效应和服务功能，明确专业群人才培养目标，围绕落实"立德树人"根本任务，实施五育并举，强化学生职业基础知识和综合职业能力培养；将通识教育、专业教育、创新创业教育与综合素质教育相融合，重视培养学生创新精神和工匠精神，增强学生综合竞争力和"社会性"，满足职业可持续性发展的要求，加强技术技能型人才培养。

合理设置专业目录，推动产业发展转型。专业目录是为了满足劳动力供给需求，对应培养的一系列专业人才的分类目录，院校的专业目录往往承载了"桥梁"及"衔接"功能。"桥梁"功能即专业目录是在专业知识技能教育与实际工作操作中的桥梁。专业目录的设定应反映出适应外部环境的变化趋势，顺应产业发展节奏。产业结构的升级调整、科学技术的革新、社会职业分类的变化都会影响专业目录的设定。"衔接"功能即专业目录是链接各层次培训机构的主要途径。通过专业目录设置，我们可以厘清不同层次的人才培训间的关系，为技术技能型人才打造一个得以持续成长的新通道，构建合理清晰的技术技能型人才培养体系。同时，为适应社会发展与产业发展的高速变化，专业目录设置必须具有良好的市场适应性，也应当具有一定的前瞻性，由此才能够保障技术技能型人才持续有效的发展，进而保障产业经济转型升级的顺利进行。

专业目录与产业目录的高匹配度，有助于加强技术技能型人才培养效度，有助于技术技能型人才培养院校为社会定向输送适应性高的人才，有助于技术技能型人才学有所用，有助于解决社会用工需求问题，最终有效推动产业发展，促进社会经济提升。

---

① 吴昊宇.湖北省产业升级背景下高职复合型人才培养的现实困境、模式导向与对策研究[J].职教通讯，2020（6）：63-69.

二、专业空间布局与产业空间布局匹配

专业空间布局是一种战略安排，指通过专业的开设而形成的专业布点及人才培养的类型、空间及历史专业分布结构，同时，它既可指战略安排的过程也可指战略安排的最终结果。从外延上看，它既可以是一个区域内院校的专业结构安排，也可以单指一所高校或一个院系内的专业结构安排，其中包括了专业布点、专业人才培养规模以及专业资源配置及历史沿革等方面的内涵①。产业空间布局是指产业发展所依附的各生产组织部门和土地、资金、劳动力等生产要素在地区的空间分布状态和组合配置②。专业空间布局与产业空间布局是否匹配主要体现在专业空间布局供给总量能否满足产业空间布局需求总量；专业空间布局与产业空间布局结构设定是否优化合理；专业空间布局供给质量是否达到产业空间布局需求的标准和要求。实现专业空间布局与产业空间布局的高度匹配，就能使产业发展达到事半功倍的效果。

产业空间布局是专业空间布局的设定基础。产业是高等职业教育发展的重要物质基础，产业的发展与转型升级总是先于高等职业教育的发展，高等职业教育专业群建设必须以产业为引领③。职业院校专业设置必须与区域产业结构对接，随产业结构调整而调整④。职业院校应以产业结构调整为导向，自觉服务区域经济转型，专业设置要与区域主导产业相匹配，调整和优化专业结构，调整专业与课程设置，保持专业设置的超前性和敏感性⑤。同时，遵循适应性原则，专业空间布局要适应职业院校自身发展需要，不断提升职业教育资源利用效率与效益，包括设备设施以及师资队

---

① 杨振军. 关于优化高等职业教育专业布局的理性思考 [J]. 江苏高教，2015（2）：143-146.

② 马翔. 农业产业空间布局及优化策略研究 [D]. 银川：宁夏大学，2022.

③ 戚瑞双，董丽丽，马洁，等. 基于产业演进视角的首都高职经管类人才培养专业布局优化研究 [J]. 中国商论，2022（15）：148-150.

④ 滕青. 职业教育专业对接产业结构发展的探讨 [J]. 江苏教育（职业教育版），2011（2）：32-34.

⑤ 缪宁陵. 高等职业教育专业设置与产业结构有效对接的策略研究：以常州高职园区为例 [J]. 江苏理工学院学报，2016，22（3）：102-105.

伍建设等各个方面。坚持"有所为有所不为"理念，立足学校地理环境、经济环境、科技文化环境、人口环境和政治环境等，兴办优势专业、特色专业。

专业空间布局是产业空间布局的有力保障。生产力水平越高，各产业就越需要高素质、专业化的人才，从而需要职业教育做精和做专与各产业相关的专业[①]。一方面，技术技能型人才培养院校应以聚焦为企业培养胜任岗位需求的技术技能型人才为逻辑起点，以内涵发展为主线，以院校布局调整和专业结构优化为主要手段，合理配置人才培养要素，优化规模、结构与质量之间的关系，实现职业教育精准供给，满足经济社会及产业转型升级发展需要[②]。另一方面，技术技能型人才培养院校应通过调研了解产业发展需求，分析产业发展趋势，结合自身禀赋优势，培养优质人才队伍，实现专业空间布局与产业空间布局的有效衔接，为产业发展提供优质的人才保障。

人才培养与区域产业对接，实现双方相互促进发展。技术技能型人才培养院校应不断加强"校企合作"的技术技能型人才培养方式，使学生培养不局限于课堂内的知识，而是多接触实践、了解实践、认识实践。与此同时，技术技能型人才培养院校可以通过这种培养方式来进一步了解社会及企业目前所缺乏的人才类别，并结合地方政府所公开发布的劳动力市场供需状况，调整人才培养方案，及时调整专业布局、突出支柱专业、推进专业群建设、打造新兴专业，淘汰人才需求量少和技能人才高度富余的专业[③]。同时，技术技能型人才培养机构应随地区经济的发展情况适当调整自身的专业结构、优化专业设置以适应产业结构的发展，充分实现专业空间布局与产业空间布局的高度吻合，建立产业发展带动技术技能型人才培养、技术技能型人才队伍建设支持产业发展的良性运行机制。

---

① 王冬琳，刘新华，王利明，等. 我国职业教育专业结构与生产力发展水平关系的实证研究 [J]. 职业技术教育，2013，34（16）：51-56.

② 李春鹏. 职业教育专业结构与区域产业结构适应性研究：以广西壮族自治区为例 [J]. 职业技术教育，2022，43（20）：6-10.

③ 李洋. 职业院校高技能人才培养研究 [D]. 昆明：云南财经大学，2020.

专业空间布局与产业空间布局是相辅相成、协同发展的。合理的产业空间布局可以带动产业发展，从而带动专业空间布局的调整优化，提升技术技能型人才培养院校的教育能力。同时，优质的专业空间布局可以实现与产业空间布局的精准对接，增强人才适应性，推动产业发展。

三、人才供给结构与劳动力需求结构匹配

人才结构是指人才在组织系统中的分布与配置组合。宏观来看，人才供给结构主要分为两大部分，即人才供给数量和人才供给质量，也包括人才供给分布状况以及人才供给构成。人才供给结构与劳动力需求结构匹配也就是人才供给的"质"与"量"以及供给构成满足劳动力岗位需求情况，人才供给区域分布与劳动力需求区域分布匹配。一般来说，人才分布状况和人才供给构成主要受区域因素影响，相对难以调整。目前，技术技能型人才供给的主要来源就是技术技能型人才培养院校，院校根据劳动力需求结构，设定培训目标，以实现人才供给结构与劳动力需求结构的有机匹配。

技术技能型人才培养院校服务产业发展。办学定位是高校提升区分度和竞争力的核心，决定了学校发展的方向[①]。技术技能型人才培养院校直面产业结构转型升级所带来的新的社会环境，直面困难，调整人才培养方式，改革人才培养方案，深化课程设置改革，积极同步协调与产业链的变革，提高专业人才供给对接产业的适应性与匹配度；坚持走立足地方、融入地方和服务地方的办学之路，形成具有区域经济特征的办学特色[②]，明确院校发展方向，提升院校竞争实力，服务区域产业发展。

拓宽技术技能型人才培养体系，增加技术技能型人才供给数量，增强产业发展的人才数量支撑。各大院校通过加强产业领域技术技能型人才队伍的继续教育与培训工作，加大培训教育投资，强化企业、职业院校等机

① 张蕾. 地方本科院校向应用型转变的路径 [J]. 西部素质教育, 2018, 4 (9): 90-91.
② 阚明坤. 民办本科院校向应用技术大学转型的困境与策略：基于全国141所民办本科院校的实证调查 [J]. 复旦教育论坛, 2016, 14 (2): 79-85.

构的教育培训职能。开展校企合作，不仅局限于学生的学习，还可以通过合作培训企业员工技术技能，通过培养和培训，提升高技能人才的培育效率，实现技术技能型人才供给数量的显著提升，以此为区域经济转型升级提供强有力的技术技能型人才数量支撑。

强化技术技能型人才产教融合力度，提升技术技能型人才供给质量，增强产业发展的人才质量支撑。技术技能型人才培养院校以"订单班""工学结合""协同育人"等人才培养模式，强化技术技能型人才产教融合力度。技术技能型人才培养院校与用工需求方企业精准对接，以企业需求为导向，定向培养企业所需人才，加强学生实践能力培养，提升学生职业技能及职业素养，强化专业知识和专业技能，专业实践两手抓，提升技术技能型人才供给质量，以此为区域经济转型升级提供强有力的技术技能型人才质量支撑。

技术技能型人才培训院校办学情况是影响人才供给结构和劳动力需求结构匹配的主要因素。院校应始终以服务产业发展为主要办学理念，通过拓宽技术技能型人才培养体系，增加技术技能型人才供给数量，强化技术技能型人才产教融合力度，提升技术技能型人才供给质量来分别增强产业发展的人才数量支撑与质量支撑，提升人才供给结构和劳动力需求结构的匹配度，以技术技能型人才培养推动产业发展。

四、人才培养层次与劳动力需求层次匹配

人才培养层次即人才教育层次。其主要分为以下四个层次：初等层次技术技能教育、中等层次技术技能教育、专科层次技术技能教育和本科及以上层次技术技能教育。其中后两个技术技能教育层次结构统称为高等技术技能教育[①]。不同时期、不同地区、不同企业的劳动力需求都是不同的。当今社会，劳动力需求层次多样化显著，而为了推动产业发展，就需要推动人才培养层次与劳动力需求层次相匹配。

----

① 王冬琳，刘新华，王利明，等. 我国职业教育专业结构与生产力发展水平关系的实证研究[J]. 职业技术教育，2013，34（16）：51-56.

初等层次技术技能教育是基础型的技术技能教育。这一层次的技术技能型人才培养仅仅注重仪器的使用，其所针对的对象更多的是高中以下的文凭群体，在初等层次的技术技能教育中，学生只能完成简单的流程性工作，极少有自己的想法与见解。这一层次的技术技能教育主要是匹配劳动力需求的流水线类别工人缺口，这一类工人无需扩展发挥其专业技能，仅需要掌握标准化、流程化的简单操作即可。

中等层次技术技能教育是普及型的技术技能教育，这一层次的技术技能型人才培养将开始逐步培养专业知识和专业技能。这一层级的学历层次相当于普通教育的高中阶段。但与普通高中教育不同的是，其除了要学习语数外这些基础课程外，还增加了一定的专业课程及实训课程。这些专业课程知识面较广，但难度不大，由于受教学层次和学习时间的影响，中等层次技术技能教育难以为学生提供更深层次的教学条件①。因此，这一层次的学生只能掌握基础的专业知识与专业技能，同时也能够操作仪器，主要匹配的是劳动力需求中的初级生产操作类别工人缺口，这一类工人能够掌握基础的专业知识并能熟练使用仪器。

专科层次技术技能教育是专业型的技术技能教育。这一层次的技术技能教育相比于前两个层次对专业知识和专业技能的重视程度有了大幅提升。但在主体上，其仍侧重于操作技术的培养。这一层次的学生需要掌握较多的专业知识和专业技能，能够独立自主进行流程操作与调试，拥有一定的管理思想，可以带领其他人员一同完成生产任务。这一层次的技术技能教育主要匹配的是劳动力需求中的中级生产操作类别工人，他们能够带领一小部分人构建团队并有效完成上级交予的生产任务。

本科及以上层次技术技能教育是研究型的技术技能教育。这一层次的学生需要掌握坚实的理论基础，并能够了解行业产业发展的前沿动态，在现有基础上创新，推动行业产业新发展。这一层次的技术技能教育匹配的是高级技术技能型工人，这一群体人数相对较少，其主要做的是顶层设计类工作，为产业发展指明新方向、开发新技术、实现新突破。

---

① 陆致晟. 职业教育集团化办学人才培养层次分析［J］. 当代职业教育，2016（12）：88-93.

不同层次的人才培养教育机构与不同层次的劳动需求相匹配，实现劳动力的定向化培养，提高人岗匹配度，减少企业人力成本，提高员工工作效率，提升企业产出效能，推动产业高效发展。

五、职业院校专业建设要素与劳动力技能需求要素匹配

职业院校专业建设要素主要包括师资、培养方案、课程、场地、设备、资金等几个方面①。其中课程是专业教学的核心，内容比较复杂，包括专业目录、教学计划、专业培养目标、教材、考试考核标准、专业评价标准等，各要素相辅相成，缺一不可②。职业院校专业建设要素决定了专业建设质量，从而决定了专业教学质量，最终会影响到其输出人才的质量，并进一步影响到劳动力技能需求要素匹配度。

高水平师资队伍护航高质量技术技能型人才培养。师资队伍建设是专业建设中的重要一环，教师作为教学计划的执行者，对教学质量结果有着决定性的作用。教师作为与学生接触最多的一个群体，对学生起着榜样性的作用，提升师资队伍整体素质，提高师资队伍质量，能间接提升学生群体整体素质。保障优质师源，建设长期稳定的、高水平高质量的师资队伍对职业院校专业建设十分关键。技术技能型人才最重要的就是技术技能的学习，师资队伍的技术技能水平会直接影响到学生的学习水平，从而影响到院校的人才产出与劳动力技能需求要素的匹配度。

合理化课程设置提升技术技能型人才技能水平。课程设置是职业院校专业建设最重要的一环。课程设置中的专业目录设置直接决定了职业院校的人才培养方向，教学计划直接决定了人才培养的进程安排，专业培养目标明确了教学目的等，这都是与职业院校技术技能型人才培养最直接相关的要素。科学、合理和严谨的课程设置能充分满足学生职业能力培养需求和企业用人需求，明确的安排可以使技术技能型人才培养达到事半功倍的

---

① 王聪兴，郭国侠. 基于供给侧视角的职业院校专业建设研究 [J]. 中国职业技术教育，2018 (35)：59-62，89.

② 涂三广. 职业院校专业建设：要素与逻辑 [J]. 中国职业技术教育，2012 (21)：61-65.

效果。以就业为导向的职业院校办学理念使职业院校在进行专业设置时可以参考借鉴劳动力技能需求要素，并据此设置课程体系，实现人才与企业的精准对接，从而满足学生的就业需求与企业的用人需求。

科学化教学设施保障技术技能型人才培训客观需求。教学设施的置办与职业院校技术技能型人才培养息息相关。正所谓"巧妇难为无米之炊"，对于大部分职业院校来说，培养技术技能型人才的动手能力和实践能力是人才培养过程中的重中之重，而这一目标的实现正是与教学设施密不可分的。大部分学生在生活中难以接触到生产操作的仪器，即使是在实习中，也很难接触到多种仪器设施，这就需要学校层面出资购买，以满足教学需求，使学校实验实训基地的建设更加科学合理①。同时，职业院校专业的实验实训基地等的教学条件只有满足了行业最新要求，才能适应社会发展的需要，最终实现专业高质量建设发展。

职业院校专业的质量代表了技术技能型人才的质量。职业院校专业建设质量是职业院校实力的重要体现，专业的质量决定了人才培养的质量，直接关系到职业院校学生的职业能力、社会竞争力以及职业院校专业建设要素与劳动力技能需求要素的匹配度，并最终影响到产业发展的进程。

---

① 陈辉. 高职院校专业建设核心要素的构建与发展研究 [J]. 北京城市学院学报，2014 (6)：44-47.

第四章 技术技能型人才的
国内发展现状

技术技能型人才职业发展具有自身职业体征。技术技能型人才的职业发展离不开习近平总书记对技术技能型人才的重要指示。当前技术技能型人才培养从劳动教育单列，职业教育通道（职业教育也设专科、本科）的若干改革，充分体现国家大国工匠培养的力度。本章重点梳理国内技术技能型人才的特点、政策和培养的典型经验。

第一节 习近平总书记对技术技能型人才的重要指示精神

一、技术技能型人才是实现中华民族伟大复兴中国梦的人才保障

在实现中华民族"中国梦"的路上，发展是第一动力，更是关键。而要让发展平稳进行，更好更稳持续发力，我们就必须注意到，"科技是关键、人才是核心、教育是基础"，这三者并驾齐驱、相互呼应，是一个统一的紧密关联体。不可否认的是，发展是靠科学技术，而科学技术需要靠人来掌握并发展的，也只有人才有能力靠教育来掌握科学技术技能。当然，在这里教育又能够被分为不同的类型。作为教育的"四驾马车"（基础教育、职业教育、高等教育、继续教育）之一的职业教育，一直是我国"国民教育体系和人力资源开发的重要组成部分"。它作为培养技术技能型

人才的主体，是与国家经济社会发展联系最密切的教育类型。在实现"中国梦"的伟大征程中，其发挥着不可替代的作用。习近平总书记在对全国职业教育工作会议作出的重要指示中，要求各级党委和政府要把加快发展现代职业教育摆在更加突出的位置，更好支持和帮助职业教育发展，为实现"两个一百年"奋斗目标和中华民族伟大复兴的中国梦提供坚实人才保障①。很显然，"中国梦"的实现，不仅需要一批顶尖的研究型人才，更需要高质量的德能兼备的数以亿计的技术技能型人才，作为富强美丽和谐的社会主义国家的建设者。技术技能型人才是祖国建设的主力军和生力军，他们的技术技能水平以及综合职业素养直接关系着我国现代化的发展水平，影响着我国全面建成社会主义现代化强国的进程，当然这也势必影响着中华民族伟大复兴的进程落实开展。

当前无可争议的是，高质量德能兼备的数以亿计技术技能型人才的培养是一项耗时耗力巨大的培育工程，它对职业教育提出了前所未有的要求，更是一项巨大的挑战。首先，就是对人才数量的要求。这就需要在顶层设计上，改革当前教育结构比例，采取缩小普通中、高等教育的录取人数，扩大中、高等职业教育的比例，并通过投入大量人力、物力，大力发展职业教育，扩大职业教育的规模，加快现代职业教育体系的建设。在这里我们要注意，我国要想真正做到这一点，就势必要改变过去轻视职业教育、认为职业教育是"次等教育"，职业教育是"成绩不好的人"才去读的基本现状，务必在全社会舆论中，推动弘扬"劳动光荣、技能宝贵"的时代风尚，并且积极营造"人人皆可成才、人人尽展其才"的良好社会环境风气。对于技能人才成才通道不畅通，技工与企业管理人员待遇的差距悬殊，技工职称晋升与工程技术人员的不平等，职业资格证书制度落实难等困难，还需要政府积极行动紧密配合，采取周密细致的配套细则与工作流程，消解传统观念带来的职业教育发展的文化阻滞与认知偏见，给予高素质技术技能型人才充分的晋升空间和优势薪酬体系。让人们充分认识到

---

① 倪光辉. 习近平就加快发展职业教育作出重要指示：更好支持和帮助职业教育发展 为实现"两个一百年"奋斗目标提供人才保障 [N]. 人民日报，2014-06-24 (1).

接受职业教育一样可以成才，人生不会因为职业教育而不能出彩，从而乐意自觉去选择接受职业教育，成长为职业教育润泽的技术技能关键建设力量。

其次，是对人才质量的要求提升。这就需要改革较为落后的职业教育基础建设，以此来突破当前技术技能型人才发展的瓶颈，"深化体制机制改革，创新各层次各类型职业教育模式，坚持产教融合、校企合作，坚持工学结合、知行合一"。通过习近平总书记高瞻远瞩的职业教育思想引领，我们应积极采取行动改变职业教育的人才培养方式，努力帮助技术技能型人才的培养质量与效率提升，为实现"中国梦"提供强有力的人才支撑。正如习近平总书记在考察贵州清镇市的清镇职教城时指出的，职业教育是我国教育体系中的重要组成部分，是培养高素质技能型人才的基础工程，要上下共同努力进一步办好①。

二、技术技能型人才是实现我国现代产业结构升级的必然要求

从历史的经验总结与客观规律来看，产业结构是社会发展到一定阶段的必然产物，它作为社会分工的结果，肯定是社会分工和各种生产关系在时空上较为合理的科学配置。而技术技能型人才是产业发展到一定阶段的产物。随着科技的日新月异，产业的快速发展，尤其是伴随着近现代工业化进程的加快，社会对人才的需求呈现出越来越多、越来越高的积极现象，因而，需要有越来越多专门专项的技术技能型人才，满足与产业配套的各种先进生产方式。这样一来，专门的技术技能型人才培养机构或人才供给方——职业技术技能教育也应运而生。由此可见，产业发展的基本要求是培育技术技能型人才的根本原因和发展动力。对此，习近平总书记对技术技能型劳动者应具备的素质也进行了重要的阐释，指出：劳动者素质直接关系着国家、民族的创新水平，一个国家、民族要在日趋激烈的国际

---

① 资料见《习近平在贵州调研时强调：看清形势适应趋势发挥优势 善于运用辩证思维谋划发展》（新华社，2015 年 6 月 18 日）。

竞争中占有优势，必须提高广大劳动者的素质①。

我们同时注意到，作为培养技术技能型人才的职业教育，一旦产生又会具有一定的特殊性与独立性，其发展影响着人才供给的根本变化。马克思在《资本论》中提出了简单劳动与复杂劳动的概念，并指出"工资水平的差别，大部分是以简单劳动和复杂劳动的差别为基础的"，因此，提高低收入群体的收入水平，使其进入中等收入群体行列，关键在于提升劳动者技术技能②。在其他发达国家的经济发展史与教育发展史中，产业的大规模、高速度的发展一般都伴随着职业教育相应的发展，比如美国、英国、德国、日本等国。然而，研究经济和教育发展的历史，我们可以从中得出总结经验与认知观点：技术技能型人才的培育相对于产业的发展具有一定的滞后性。产业发展总是在生产力上遥遥领先，产业在追求产量与效率的同时，挤占消费市场，其产业结构形成与产业结构需求影响着培育技术技能型人才的职业教育规模、培养层次、专业结构等。恰逢其会，当前我国现代化建设正面临着调整产业结构、转变经济发展方式、加快制造业升级、由"制造大国"转变为"制造强国"的伟大征程中，这意味着我国的产业发展对人才供给的要求将发生巨大的变化，人才的供给将直接影响着产业结构的调整和优化升级的速度。这个过程正是我们职业教育准确预判产业发展形势、自主调整，主动推动产业结构升级的大好时机。也正是基于此，习近平总书记反复要求"统筹职业教育、高等教育、继续教育，推进职普融通、产教融合、科教融汇，源源不断培养高素质技术技能型人才、大国工匠、能工巧匠"，以推动现代化产业结构的优化升级和经济发展方式的转变。

三、技术技能型人才培育是实现个人成才的有力途径

人生要出彩就要实现自我的"中国梦"，而自我的"中国梦"因人而

---

① 习近平. 在庆祝"五一"国际劳动节暨表彰全国劳动模范和先进工作者大会上的讲话[N]. 人民日报，2015-04-29（2）.

② 卡尔·马克思. 资本论·政治经济学批判（第一卷）[M]. 中共中央马克思恩格斯列宁斯大林著作编译局，译. 北京：人民出版社，2004：17.

异，但也因人而精彩非凡，这就要求国家在物质文化建设和精神文明建设方面必须关注人的全面发展。"人的自由而全面发展"作为人类社会发展的终极目标，也是我们长期以来一切发展的最终目的。习近平总书记提出的中华民族伟大复兴的内涵之一，就是"人民幸福"，其意思就是重点关注人的发展。"人民幸福"中的人民是一个总体性概念，是所有中国人民的集合。倘若没有每一个人的幸福，就不可能有全体人民的幸福。而个人幸福的实现，不仅需要物质需求的满足，更需要精神需求的满足。其中的一个重要方面，就是使人们都能够接受高质量的职业教育，得到劳动奉献精神、审美教育精神、合作互助精神等的熏陶滋养，从而促进人的自由并且得到全面的发展。因为技术技能型人才的培育肩负着培养出多样化人才、传承技术技能、促进就业创业的重要职责，它的落实能为个人成才和自我人生出彩打造一个良好的发展实践平台，为"人人努力""人人出彩"提供更多机会。

此外，技术技能型人才的培育，一方面能为贫困群体谋出路，通过"以教代赈"的高效方式，实现精准帮扶的目的。在以往的教育研究模式里，存在接受教育是为了更快获得求生能力的实际需求问题。而且，就以往教育的理念而言，它的目标是培养研究型复合人才，其招生比例是极度有限的，多数学生都不得不面临着被淘汰的最后结局。并且在以往，学生前期所接受的大多是应试教育和纯粹的文化知识的学习，没有接受任何技术技能方面的教育，以至于学生落榜后，因为没有一技之长而不能适应社会发展，反而成为一个"咬文嚼字"的"孔乙己"。与此同时，社会对技术技能型人才的需求短缺也迟迟得不到解决。故此，我们应加大培育技术技能型人才的职业教育的开支，为这部分孩子提供学习和接受教育的机会，使职业教育成为他们成才的一条重要有效途径。另外，职业教育要为贫困生出谋划策，以此实现精准扶贫的目的。以培养高素质技术技能型人才为目标的职业教育，针对农业现代化存在的障碍与问题——既需要农业技术、设备等物质要素的现代化，也需要农民素质、能力等人力资本要素的现代化，进行专业化培训。依托职业教育培育新型职业农民，将"文化素质教育"和"现代农业技能培训"有机结合，可以有效增加农村技术技能型人才的精准有效供给，还可把有一定文化素质、懂技术、会经营的职业农民培养成建设现代农业的主导力量，从而摆脱以往对传统农业劳动力密集、效率低下、知识技术含量低的刻板印象，挖掘出农村改革发展的主观需要与自主潜力，增强农业现代化和新型城镇化的发展动力，迅速提高农村贫困人口综合素质，真正变"输血"式帮扶为"造血"式精准帮扶。从目前职业教育的生源来看，百分之七十多的学生来自农村，相比于城镇家庭，家庭条件相对贫困。故此，我国在打赢脱贫攻坚战后，一定要加快农村劳动力高技能高技术转型，要拔掉"穷根儿"，"授人以鱼不如授人以渔"。同时，技术技能型人才的职业教育还要关注下岗工人、外来务工人员等群体，为他们提供合适的岗位技能技术培训，在促进社会公平和让每个人实践出彩方面，发挥自己应有的帮扶作用。在全国职业教育工作会上，习近平总书记更是以"努力让每个人都有人生出彩的机会"为题，从劳动者个体价值实现角度对职业教育的帮扶功能进行了强调，凸显了技术技能型人才职业教育的社会功能①。

此外，随着物质生活水平的日益提高，人们对精神生活的追求也变得越来越高，对教育的需求也越来越多样化。以往的一生接受一次"学龄期"的终结性教育已经远远不能满足社会的教育需求。面对全社会对教育的多样化需求的民生问题，国家必须高度重视，大力发展更符合全民需求的技术技能职业教育，同时也要针对不同年龄阶段的人对技术技能教育的不同需求，为不同人群提供充足的技术技能教育资源供给，例如提供职前准备、在职提升、职业转换等所需的技术技能职业教育，实现人人可学、时时可学、处处可学的教育大环境。正如习近平总书记所强调，职业教育是"打开通往成功成才大门的重要途径"，为每个人的成功成才道路打开了一扇门，营造了一个"人人皆可成才、人人尽展其才"的技术技能学习良好环境。

---

① 倪光辉. 习近平就加快发展职业教育作出重要指示：更好支持和帮助职业教育发展 为实现"两个一百年"奋斗目标提供人才保障 [N]. 人民日报, 2014-06-24 (1).

第二节　当前我国技术技能型人才的发展特点

习近平总书记在对当前我国技术技能型人才的重要指示中指出，在新征程上，加快构建现代职业教育体系，培养更多高素质技术技能型人才、能工巧匠、大国工匠[①]。这指明了高素质技术技能型人才的基本特征，更分析了高素质技术技能型人才相关培养的现代意蕴，对加快构建现代职业教育体系、有力支撑我国现代化建设具有特别重要的意义。概括而言，正因为"共性存在于个性之中"，因此，可以说，技术技能型人才的一般特征也是其他人才的特征，但作为一种特殊的人才类型，它具有自己相对独特的不同于一般人才的特点，其发展特点主要如下。

一、专业性

专业性，是指技术技能型人才是专业（职业）教育，或专门（技能）教育，是培养某一职业领域专业技术技能型人才的教育。这个特点是相对于普通基础教育而言的，就目前情况而言，基础教育不具备专业性，而更加强调基础性与普适性，是为各行各业人才培养打下牢固基础与职业准备的教育。同时，虽然各行各业人才具有专业特点，但它的专业又不同于技术技能型人才。它强调的是具有学术性、理论性和基础性的人才。而只有通过以技术技能为主的职业教育，不论是初等、中等或高等职业教育，其目的都是培养一线的技术技能型人员、管理人员、技术工人以及其他劳动者，与工作面临的一线职业对口性与专业性很强，偏重理论的实际应用、实践技能和实际应对能力，展现了技术技能型人才在学习、工作、管理方面的专业性。

---

① 中国政府网.习近平：加快构建现代职业教育体系 培养更多高素质技术技能人才能工巧匠大国工匠［EB/OL］.（2021-04-13）［2022-04-15］. http://www.gov.cn/xinwen/2021/04/13/content_5599268.htm.

二、区域性

区域性，主要是指在培养技术技能型人才上，职业教育为地方区域办教育或者依靠地方区域办教育。为区域办教育，是指其聚焦当地行业需要，把握就业市场禀赋，针对特定区域社会、经济、政治、文化的发展进行技术技能型人才培养。因此，职业教育的区域经济功能脱颖而出，逐渐成长为推动职业教育发展的根本动力与活力源泉。甚至，职业教育开始真正承担起了推动区域经济发展与地方社会建设的重任，培养地方急需的各行各业应用型人才。因此，技术技能型人才主要针对当地区经济社会发展状况，尤其是针对岗位需求状况，以便更好地服务于地方区域经济、社会。

在依靠区域（社区）办教育方面，它必须充分利用区域（社区）教育资源，依托区域行业、企业、事业单位办教育，达到"学习—就业"不耽误的目的，减少二者之间来回折腾造成的损失。现代职业教育的办学和管理模式不仅仅是单纯的学校模式，强调各地区的企业、行业、社会与个人的广泛参与。由于诸多社会原因，企业只是作为使用技能人才的主体，而不是培养技能人才的教育培训主办或合作机构。企业较少甚至根本没有承担技能人才的培养任务，更不要奢谈与职业学校联合开展工作，制订教学计划，聘请授课教师，组织实施教学来培养适合本企业发展需要的技能人才①。对此，各地应组建有当地企业人士参与的专业教学指导委员会，并聘请企业领导或工程技术人员参与教学改革与实习上岗，以此来加强区域性技术技能型人才的综合素质提升与技术教育学习。

三、实用性

实用性是技术技能型人才的最突出优点，也是市场需要所最迫切的特质显现。故此，技术技能型人才培育要重点突出"实用""实训""应用"

---

① 杨斌，朱克忆，张柏森. 湖南省企业技能人才特点分析与发展对策探讨 [J]. 职教论坛，2005（34）：22-25.

等特点，技术技能型人才培育机构需要通过建立实训基地，加大实训频率与力度，不断培养市场迫切需要的一线各层次应用型人才。例如，在美国流行的社区学院教育体系里面，学生的实习、实验和实践时间按照要求一般占总学分的三分之一左右，而且每周都有不同的实习安排，让学生在实习工作里面学以致用。此外，一直作为西欧工业强国的德国，对于技术技能型人才的实用性也极为重视，并对此提出颇有哲学意味的话：在课堂上流汗的不应是教师，而是学生。在其培育技术技能型人才的职业教育"双元制"教学体系中，实践课和理论知识课比例按照相关教育法要求务必达到 $1:1$[①]。

总而言之，技术技能型人才的实用性，既是职业教育、技能教育考虑实践教学方案和实训基地的融合，加大实践能力培养，也是技术技能型人才入职以来，在上岗培训与工作实践中了解、熟悉并掌握企业的相关生产规律、工艺、设备和技术等以后才显现的。

四、生产性

生产性，就是指强调技术技能型人才与具体的生产具有很高程度的供给性。技术技能型人才以实习学生或者学徒身份实习工作以来，无论是顶岗实习，经受实践锻炼，还是正式入职更好地为生产服务，把自身所具有的技能、技术转化为特有的生产性，充分显示自己的创造能力与实践能力。需要注意的是，我国职业教育的实践教学大多数是建立在校内实训基地基础之上。而工厂、企业则利用宽敞的厂房和忙碌的流水线，进行真正的生产，显现出技术技能型人才的生产性。而校内实训基地或因规模、场地、工具等的限制，不可能完全照搬，只能是注重生产内涵和流程上的仿真性。而且，面对当前突飞猛进的科技发展与生产关系变革，学生在校学习的技能、技术很快就会面临落伍的窘况，也就丧失了自身相对于市场需要具备的"即时生产性"。因此，职业教育在教学内容等方面既要突出新

---

① 王羽菲，祁占勇. 国外职业教育产教融合政策的基本特点与启示 [J]. 教育与职业，2020（23）：2128.

知识、新技术及新工艺，也要尽可能加大投入力度，为实训基地配备最为先进的设备，使学生在校期间可以学会和使用本行业甚至跨行业较先进的技术技能，以此在学校与工作中展现自己的优秀生产性。

而对于政府而言，其也可以从以下方面加强对技术技能型人才的培养与发展：一是举办各种形式的技能大赛、技能咨询、技能论坛等活动。这样既可以提高技能人才业务水平，也可增加他们的社会关注度与影响力。二是通过举办各种技术专业评比活动，加大对普通工作岗位上技术拔尖的青年人才的鼓励肯定和表彰力度，以此作为提高青年技术工人的政治待遇和经济待遇的重要路径，从而树立"技能人才是企业最宝贵的人力资源"的观念，形成重视技术知识、尊重技能人才的良好社会风尚[①]。

五、时代性

时代性，是指在生产性的基础上，技术技能型人才需要关注当前时代变化与发展特点，真正在学习和工作中体现出现代性，及时反映技术技能的发展潮流和趋势。时代性具有深厚的现代意蕴，它回答了新技术革命对职业教育的新挑战，呼应了现代化建设对职业教育的新诉求，也适应了经济发展新阶段对职业教育的新需要，更顺应了现代职业教育体系建设的新趋势。技术技能型人才是生产、技术、管理、服务的第一线应用型人才，这就要求技术技能型人才在工作学习的各个环节，必须及时跟进关注生产技术、生产工艺等的前沿资料与发展趋势。并且，学校在培养目标、课程开发及专业设置等方面应做出积极反应并稳步提升。同时，技术技能型人才培育机构还必须关注现代教育理念，尤其要按照终身教育的要求，"苟日新，日日新，又日新"，承担起培养现代技术技能型人才的责任，不仅关注人的生产性，更应关注人的可持续发展——时代性，对其学习能力、适应能力、综合素质等加大投入与着重培养。

---

① 杨斌，朱克忆，张柏森. 湖南省企业技能人才特点分析与发展对策探讨 [J]. 职教论坛，2005（34）：22-25.

第三节 技术技能型人才工作模式变化

职业教育是培养技术技能型人才的教育，对技术技能型人才工作模式的分析是构建职业教育人才培养模式的基础①。随着社会经济环境的快速发展，不稳定因素会对职业教育人才培养的模式产生重大影响，即不稳定因素会影响技术技能型人才的工作模式，进而影响职业教育人才的培养模式。社会发展过程中的不确定性、不稳定性等特征给技术技能型人才的工作模式带来工作周期断续化、工作场所流动化、工作过程无序化、工作技术迟滞化、工作情景混沌化等影响。

一、工作周期断续化

社会中的不稳定因素对工作环境的冲击，可能会打破传统稳定、规律的社会发展逻辑，亦可能导致经济增长呈现缩减趋势，市场对劳动资源的需求随之减少，工作数量和结构经历不可预测的收缩和调整，不同工作或工作的不同岗位面临暂时取消、结构调整乃至彻底消亡的危机。例如面对突发的社会危机时，不少企业因各种原因部分或完全停工停产，一些企业甚至因为盈利困难、产业链断裂等破产。从短期来看，停工停产给技术技能型人才带来的最大挑战是失业；从长期来看，停工停产给技术技能型人才带来的最大挑战是工作的不稳定性。《世界就业和社会展望：2021 年趋势》报告指出，全球劳动力市场危机将持续至 2023 年，2022 年全球失业率将达 5.7%，全球失业人数达到 2.05 亿。根据国际劳工组织数据，2022 年全球失业人数达到 2.07 亿，大大超过 2019 年 1.86 亿的水平。报告还显示，新型冠状病毒感染疫情对不同群体和国家的影响存在明显差异。这些差异正在加深国家内部和国家之间的不平等，改变各国的经济、金融和社

---

① 徐国庆. 智能化时代职业教育人才培养模式的根本转型 [J]. 教育研究，2016（3）：72-78.

会结构。然而这些影响需要数年的时间才能修复，并可能对就业、家庭收入以及社会和政治凝聚力产生长期影响。诚如贝克所言：今天还有工作的人，可能明天就会失业，工作变得不稳定而没有长期的财政保障①。社会中的不稳定因素，传统的职业确定性将可能消失殆尽，周期性失业现如今普遍发生，是广大技术技能型人才无法预测却又必须面对的现实问题。工作周期的断续化必然要求技术技能型人才转变传统从一而终的就业观念，根据现实环境，及时更新自己的职业规划，发展能够跨岗位、跨职业甚至跨行业的综合性职业能力。

二、工作场所流动化

传统工业社会中工作场所是高度固定化的就业体系，但当处在不稳定的环境中时工作场所将去固定化，呈现流动化的状态。一方面，面对病毒流感、化学污染、地震、洪水等不断发生的大规模变化的不稳定因素，封闭式劳动空间的商业形式将解体。另一方面，受不稳定因素的影响，就业体系边缘将逐渐软化和松动，工作与非工作的界限将更加模糊，工作场所将更加灵活，出现"地域分散"或"不依赖地理"的现象，"在某个地方共同工作"的观点也将动摇②。工作场所流动是劳动生产过程中的大规模时空分离，也是由工作场所的不平衡性衍生出来的一种新的平衡状态。因此，"远程办公"的劳动组织形式将随着工作场所的流动性继续推广应用。在2019年新型冠状病毒感染危机期间，许多企业线下门店的销售额停滞不前，产生库存危机，工作系统受到很大影响。但与此同时，一些企事业单位在不稳定的社会中通过远程办公的劳动组织形式，如远程会议、在线教学、线下销售等，表现出很强的韧性，利用信息技术和存储媒体实现功能的远程连接和远程办公将成为未来工作场所改革的新趋势。远程办公的劳动组织形式减少了技术技能型人才的流动性，进而增加了他们在虚拟空间

---

① 乌尔里希·贝克，约翰内斯·威尔姆斯. 自由与资本主义：与著名社会学家乌尔里希·贝克对话 [M]. 路国林，译. 杭州：浙江人民出版社，2001：184.
② 乌尔里希·贝克. 风险社会：新的现代性之路 [M]. 张文杰，何博闻，译. 南京：译林出版社，2018.

中的流动性，这对技术技能型人才提出了新的要求，以适应工作场所和信息素养的变化。他们需要熟练地应用远程办公软件来支持企业远程办公的需求。

三、工作过程无序化

在一个快速发展的社会中，它不仅指现代化带来的生态危机等客观危害，还包括现代化带来的主观不安全感。这种不安全感源于个人在不稳定环境中的无力和失控。与传统社会中的不稳定因素相比，现代社会中的不稳定因素具有更强的主观建构性，行为主体对周围风险的主观感知可能导致集体情绪传播。工作主体在面临不稳定时会产生焦虑和不安全感，甚至丧失判断工作过程中行为的能力，工作过程的持续性和顺序性将毫无意义。一方面，正常的工作流程被打乱，原有的工作计划因不确定性而难以正常实施。从规划、决策、实施到反思的工作流程不再有序，工作的正常固定模式被打破。另一方面，不安全的不稳定性因素会导致专业工作者产生普遍的危机感和不情愿情绪。因此，为了规避这种不稳定因素，他们在工作过程中执行力不足，不再有"反身行动"。职业安全意识、劳动法制和劳动关系都会面临新的挑战。在风险社会中，面对危机的动态演变和复杂关系，工作过程的无序化已成为生活的常态。这将对原有的传统技术技能型人才工作流程进行改造，以更加个性化、更灵活的生产流程取代原有的固定的流水线生产，这对技术技能型人才的工作流程创新提出了新的挑战。因为工作流程创新对企业的可持续发展具有重要意义，也是风险社会中企业生产的实际需求。技术技能型人才不仅需要足够的职业认同感、较强的技术综合实力，还需要足够的社会支持力度等才能较快练就应对风险的能力。

四、工作技术迟滞化

现代社会中，不稳定因素来源的多样性、风险过程的日趋恶化、风险后果的延迟和混合效应，使现代化社会的不稳定问题具有高度的复杂性与滞后性。特别是类似病毒、放射物、水源污染等超出人类感知能力的风险，其危险性远远超出传统的风险，而现有手段和技术往往难以对风险进行有效迅速的遏制，无法及时地将风险的复杂性转换为治理的系统性和被人感知的确定性，工作技术的迟滞必然会导致工作世界面对风险的处置能力和容忍程度降低，工作世界不断地吸收和承担风险，导致内部系统变得低效崩溃，进而加剧风险的复杂性。快速变化的社会存在的复杂性将会迫使系统通过各种手段创新维持功能与结构的完整性，这主要表现为工作技术将更趋于高端化与智能化。一方面，企业要通过治理手段的创新来提高系统自己对风险的适应力。另一方面，企业要利用手段创新来防范和化解风险、对风险进行预警与控制。正如习近平总书记所指出的：鼓励运用大数据、人工智能、云计算等数字技术，在疫情监测分析、病毒溯源、防控救治、资源调配等方面发挥支撑作用①。社会中的不稳定性因素对技术的要求相比以往将不断提高，工作操作将更加高级复杂，技术技能型人才需要熟悉高端化的操作技术，运用智能化的设备应对风险。高端化的工作技术将深层次地要求技术技能型人才开展创造性、研究性的工作，以及具备应用信息技术进行工作创新的能力。

五、工作情景混沌化

在高度相关的社会结构中，不稳定因素具有较强的扩散性。它不再局限于特定的时间、空间和群体。局部不稳定性因素可能会叠加和扩大，导致整个系统瘫痪，呈现出日益区域化和复杂化的发展趋势。一方面，风险紧密相联，难以孤立解决，需要考虑环境性的因素。特别是在非线性复杂的不稳定因素的演化过程中，利益相关者关系的冲突、职业半衰期的加速、产业结构的快速调整、职业变化的加速等一系列市场动荡，使得工作形势动态化、异质化、模糊化，并逐渐变得混乱。另一方面，不稳定因素的治理过程涉及医学、管理学、社会学和政治学等多学科领域的交叉渗

---

① 习近平. 全面提高依法防控治理能力，健全国家公共卫生应急管理体系 [J]. 求是，2020 (5)：2-3.

透。不同的利益相关者基于相互冲突的信息和自利需求对事件做出相互矛盾的解释，加深了工作环境的无序特征①。因此，面对风险社会的不稳定的工作形势，单一的知识和技能将会逐步被淘汰，人才需求水平将升级为复合型人才，技术技能型人才需要具备合作能力、职业迁移能力、跨文化能力等综合知识能力，以及应对风险的决策能力。风险社会中的"全面发展"不仅是教育对人才发展的需求，也是企业对技术技能型人才从混乱的工作状态到清晰的实际需求。

第四节　当前我国技术技能型人才的发展政策

技术技能型人才是当前实施人才强国战略、就业优先战略和创新驱动发展战略不可或缺的宝贵生产动力与人才资源。在中国特色社会主义进入新时代，面对全新的发展机遇与生产趋势，必须培育经济新动能、实现经济高质量发展的关键时期，加强技术技能型人才队伍建设具有重要的现代意义。全国各省市地方政府积极开展相关工作，出台各种利好技术技能型人才培养、引进、提升的政策。

早在 2018 年，陕西省就高瞻远瞩，率先发力全面构建省级统一的职称评审信息系统，该系统由职称申报、部门审核、专家评审三个子系统构成。这三个子系统又分为信息发布、资料提交、部门审核、会议评审、网络投票、结果公示、电子证书七个功能模块，使职称评审的全程实现"网络化、信息化、无纸化"要求。这对于办事群众更加便利，相关参评人员只需在答辩环节跑一次政府有关部门即可。而到了 2019 年，全省职称评审系统正式在省政府政务服务平台全面上线面向用户，向社会公众提供"全程在线、单点登录、一网通办"的全新职称评审优秀服务，受到了广大陕西省技术技能型人才的强烈好评与积极拥护。

---

① 崔晓明，姚凯. 危机管理：混沌情境中的契约建构：基于 2008—2013 年危机管理成败的证据 [J]. 经济理论与经济管理，2014（11）：72-81.

而河南省因为多种因素，需要在技术技能型人才培养方面加大投入，以期"补齐短板"。对此，他们以"科技"作为技术技能型人才发展思路。在《河南省科技人才政策及其效能评价》一文中，作者强调要加大科技经费投入。因为科技经费投入的强度直接影响科技人才的利用和科技成果转化的效率。作者在文中写道，2014 年河南 R&D 经费投入 400 亿元，位居全国第 12 位，R&D 经费投入强度 1.14%，与江苏的 1 652.8 亿元、广东的 1 605.4 亿元、北京的 1 268.8 亿元相差悬殊。因此，在现有经济发展水平下，河南要以政府科技经费投入为主体，拓宽融资渠道，比如，政府信用担保融资，提供优惠政策，引导企业和社会团体共同参与，为资金短缺的科技创新型企业提供金融个性化服务，为科技发展提供更多的资金支持[①]。除了继续加强以上举措外，作者还建议河南省政府加强出台相关政策力度，更加关注科技本身内在的创新环境和公平竞争氛围，更好地提升"科学"技术技能型人才政策的服务范围与实际效能。

　　四川省同样在技术技能型人才发展政策方面持续发力，对于目前如火如荼的技术技能型人才抢人"大战"，四川省政府提出以下工作方法：一是畅通评价渠道。制定相关配套措施，细化技术技能型人才参加职称评审的业绩能力条件，并制定专业技术人才参加职业技能评价的考评细则。而用人单位此刻更要发挥主体作用，引导和组织技术技能型人才参加相关系列（专业）的职称评审，支持专业技术人才参加职业技能评价，各级要做好申报、推荐、审核、受理等相关工作，确保技术技能型人才与专业技术人才职业发展贯通工作落实。二是创新评价机制。相关职称评审委员会要综合采用理论知识考试、技能操作考核、业绩评审、面试答辩、竞赛选拔等多种方式评价高技能人才。各种技能竞赛获奖情况、行业工法、操作法、完成项目、技术报告、经验总结、行业标准等创新性成果均可作为职称评审的重要内容与参考标准。积极吸纳优秀高技能人才参加相关职称评审委员会、专家库，参与制定评价标准。专业技术人才参加职业技能评

① 张光进. 陕西：深化职称制度改革 汇聚优秀人才 [J]. 中国人力资源社会保障，2021（6）：20-21.

价，注重操作技能考核，具有所申报职业相关专业毕业证书的，甚至可免于理论知识考试。三是注重评用结合。技术技能型人才依据技术技能水平，自觉自愿参加职称评审，企业应鼓励取得职称的技术技能型人才坚守在生产服务的一线。探索建立企业内部技能岗位等级制度，与管理、技术岗位序列相互比照，建立专业技术岗位、经营管理岗位、技能岗位互相衔接机制。各类企业对在聘的高级工、技师、高级技师在学习进修、岗位聘任、职务职级晋升、评优评奖、科研项目申报等方面，比照相应层级专业技术人员享受同等待遇。四是加强宣传引导。围绕高技能人才和专业技术人才关心的问题，对政策深入解读，提高用人单位积极性，引导两类人才积极参与。及时宣传两类人才贯通的典型人物和典型做法，强化引领和示范作用，营造良好氛围[①]。无独有偶，广东省政府也不甘落后，其人力资源和社会保障厅出台相关政策，围绕"增加职称评审绿色通道适用条件、注重评价实际业绩、完善职业工种指导目录"三个方面开展落实工作。其具体工作结果既增加了国家级、省级非物质文化遗产传统技艺的代表性传承人，以及其他部级技术能手荣誉称号的优秀高技能人才，也把技术技能竞赛的获奖情况、行业工法、操作法、行业标准、技术和专利发明、技术成果转让等作为重要的评审内容与参考标准，进一步突出技术技能实际能力、工作业绩导向，更是以此来修订完善了职业工种指导目录。该目录包含了 26 个职称专业类别，并且每一个专业类别对应若干个职业工种，避免指导目录的晦涩难懂与手续繁杂，更提升了政府工作效能与服务质量。

同时，我们也要注意到，虽然各地技术技能型人才的培养、引进、锻炼都得到很大程度的加强，但从全国层面而言，形势依旧不容乐观。当前及未来一段时期，伴随着中级技术技能的劳动力供需矛盾逐渐开始缓解以及初级劳动力市场已经饱和，我国技术技能等级越高的劳动力缺口会越来越大。这表明我国技术技能型人才的需求层次在不断升级，我国对高层次技术技能型人才的需求更加旺盛，这也对我们对技术技能型人才的培养结

---

① 资料见四川省人力资源和社会保障厅《四川省高技能人才与专业技术人才职业发展贯通实施方案》http://rst.sc.gov.cn/rst/zyjntszcjd/2021/11/12/b856555fca614eb5ac02ad4edc9b20d7.shtml.

构调整提出了新的要求。中华人民共和国国家发展和改革委员会发布的《促进我国技术技能型人才发展的对策建议》和中华人民共和国人力资源保障部发布的《"技能中国行动"实施方案》提出了相应的政策方针，系统全面地改善全国技术技能型人才需求问题。

第五节　当前我国技术技能型人才的典型经验

当前，我国进入"第二个百年奋斗目标"——基本实现现代化，建成富强民主文明和谐美丽的社会主义现代化强国的伟大征程，而技术技能型人才将在这一伟大征程中，扮演重要角色。故此，国家对培养高素质技术技能型人才提出了新的要求：一定要基于目标导向、问题导向与效能导向，稳定加快职业教育的改革发展步伐，以积极昂扬的奋进姿态，更好地服从于社会主义建设。

一、与时俱进教育观念，多元把握技术技能型人才质量维度

在技术革命喧嚣的今天，德国哲学家海德格尔（Heidegger）曾经直言：技术是一种解蔽方式。技术乃是在解蔽和无蔽状态的发生领域中，在无蔽即真理的发生领域中成其本质的。随着科技的进步和全球化的发展，他所提及的技术技能的物性、人性、活性、知性等维度得到更为丰富和深刻的发展提升[①]。我们对高素质的技术技能型人才也可以以此为依据，从不同的维度上提升质量。

首先，在物性维度上，首当其冲关注的是技术技能物化的能力、原料的加工能力、工具的使用能力、无形的创造性构思转化为方案的能力等。其次，在人性的维度上，强化的是道德、责任、职业情怀、工匠精神等与职业行为模式相匹配的人格特征与性格特质，其能够有效帮助技术技能型

---

① 顾建军. 技术的现代维度与教育价值 [J]. 华东师范大学学报（教育科学版），2018（6）：1-18，154.

人才在工作上稳定发挥。再次，在活性维度层面上，最应该得到关注的，是职业劳动行为方式的规范协同，同时还应关注其在工作中的问题、经验积累、专业化发展等。最后，在知性维度的层次上，我们应该关注技术技能型人才的培养，着重解决技术技能的理论基础和操作机理的融会贯通等核心要素，并关注技术技能型人才的职业领域的最新动态，把技术技能的学习与灵活应用，置于真实的物理世界之中，从而把知识技能的学习与思想经验的积累紧密结合起来。为此，我们就一定要建立以职业核心素养为导向的教育理念，并围绕技术技能开展课程并进行教学设计，进一步落实职业院校立德树人的基本任务，同时还要建立正确的技术技能观念，厘清现代社会条件下的技术与技能相互支撑、系统整合的不同关系，为技术技能型人才拥有良好的社会地位、经济地位，去营造积极的文化氛围和制度条件。

二、积极建立调适机制，精准对接技术技能型人才质量需求

社会劳动生产力，首先是科学的力量，而当前日新月异的科学技术正在为产业变革带来持续活力与无限生机。产业变革所引发的劳动形态就变化本质而言，正是人类劳动技术与技能的双重转化过程。李开复就曾经结合牛津大学、麦肯锡、普华永道等的相关研究报告，高屋建瓴地绘制了一份技术专家和经济学家认知中未来十年中 365 种工作被取代概率的图谱，认为其中 160 多种工作有超过五成的可能性被取代[①]。值得注意的是，这些工作取代的核心要素并不是单纯的"高技术""高技能"取代所谓落后的"低技术""低技能"的过程，而是替代效应与转换效应、恢复效应相互影响相互促进的此消彼长过程。在其中，大量技术技能工作的边界会被打破，所以我们要充分理解当代技术技能对经济、产业与生活的影响作用，继而精准预测、科学安排、合理建设更加高效的技术技能型人才的预测引导体系。

在这些工作中，智能化与数据化也是我们不可忽视的科学技术力量。

---

① 李开复. AI·未来 [M]. 杭州：浙江人民出版社，2018.

我们可以通过建立国家层面和地区层面的产业变革数据库，结合相关技术技能型人才的思想、心理、学习生活、专业、年龄等方面的实际，充分运用大数据、人工智能等技术对技术技能的业态变迁、行业变换、标准要求变革等的趋势做出科学的判断、精准的预测和详细的描述。而国家有关部门也对此同时开展行动，定期发布更为精准和具有指导意义的技术技能型人才需求报告，对新增的和变更的职业岗位要求进行更为精准和详尽的描述，及时调整相关专业的人才培养标准与规格，更好地对接人才市场对技术技能型人才培养的质量与数量要求。

三、科学改进培养模式，健全技术技能型人才培养体系

技术技能型人才是在传统社会中，从以技术为主和以技能为主的人才分类上发展而来的，同时整合了技术技能的相关发展要求，以及人文发展和社会需要的诸多因素。这也体现了技术技能型人才培养的整体性和综合性。故此，根据技术技能的含量高低和难度系数的大小，技术技能型人才也呈现出由初级到高级的发展阶段性与进步性。同时，高阶段的技术技能型人才在难度较大的问题的解决能力、从业相关经验的积累与结构化能力、职业劳动所对应的社会性能力与自主性能力等方面都有着更高的工作水平与操作空间。基于此，全面建构高水平的人才培养体系，以此承担技术技能型人才优化培养的重任，不仅仅包括建设职业教育的专科、本科乃至专业硕士学位体系，还包括了职前、职后的一体化、立体化技术技能型人才终身培养体系。在培养过程中，尤其要夯实基础，"基础不牢，地动山摇"绝不是空口白话，必须要落实在行动之中，强化技术技能的应用基础、有机融通、价值体悟和问题解决。

我们还要注意的是，健全技术技能型人才培养体系的"战场"绝不仅仅是校园，我们要充分利用好现代学徒制、产教融合、校企合作等政策工具，督促技术链、产业链、教育链、人才链相互连通、紧密结合开展工作，促进高素质技术技能型人才培养模式的积极变革，大力建设更高水平人才培养体系。

四、稳步深化教学改革，实现技术技能型人才高质量发展

技术技能型人才的培养目标的稳步深化，实质上对教育教学改革提出了挑战，究其关键正是在于以职业核心素养为核心的高水平技术技能型教学体系的建设。

在教学目标设计上，学校一定要具备职业核心素养理念，强化职业技术技能方法能力与社会能力的契合整合能力，打破职业教育专业知识与实操能力的阻碍壁垒，建立起跨领域、跨产业、跨岗位的拓展交叉性的复合目标融通体系；在教学内容上，形成灵活的知识内容更新机制，跨领域产业融合实践机制，加快向新专业、新课程、新内容的转换，减少新技术产业转化转型带来的衰减效应；在教学方法上，不能夸夸其谈，对实践采取不闻不问、袖手旁观的态度，而要建立起常态化的线上线下相结合的混合教学新形式，在实际教学中注重真实世界资源的高效开发利用和仿真情境的合理科学设置，强化学生的书面知识与实际能力的融会贯通有机结合，同时保证学生日常活动经费，注意培养建设各项经费的投入与监管，重视现代化工作媒介、设备、场所、基地、平台的建设，不断改善学生学习工作的条件；在教学评价上，加强"教、学、评"的连贯性与统一性，绝不能"搞形式""走过场""讲人情"，务必注重学习过程的发展性评价和增值评价，同时引入产业与企业考核评价体系和机制，让评价内容与方法与职业资格证书评价体系得到有效对接与积极映射，使得培养的高素质技术技能型人才不仅有其名，而且有其实，真正成为建设社会主义强国大潮的发展尖兵。

第六节　促进我国技术技能型人才队伍发展的对策建议

近年来，我国技术技能型人才队伍建设工作力度不断加大，成效显著。目前，人才总量不足且结构不合理，依然是制约我国产业发展和企业

竞争力提升的瓶颈。未来，我国要通过多渠道增加技术技能型人才总量供给，提升技术技能型人才的培养质量，营造技术技能型人才成长的社会氛围，培养和造就规模宏大、结构优化、布局合理、素质优良的技术技能型人才队伍，为开启全面建设社会主义现代化国家新征程提供坚强的人才支撑。

技术技能型人才是实施人才强国战略、就业优先战略和创新驱动发展战略不可或缺的宝贵人才资源。在中国特色社会主义进入新时代，培育经济新动能、实现经济高质量发展的关键时期，加强技术技能型人才队伍建设具有重要的现实意义。

一、当前我国技术技能型人才队伍建设面临的主要问题

目前，我国已经建立起世界上规模最大的职业教育体系，具备了大规模培养技术技能型人才的能力，但技术技能型人才总量占比偏低且结构不合理，不能满足经济社会发展需要。

（一）技术技能型人才队伍不能满足经济社会发展需要

目前，发达国家技术技能型人才占就业者的比重普遍在 40%～50%。2018 年，我国技术技能型人才仅占全体就业人员的 22%，高层次技术技能型人才（包括高级工、技师、高级技师）数量占技术技能型人才的比重不足 30%，远不能满足各行各业对技术技能型人才的需要。

（二）技术技能型人才培养通道不畅通

普通教育与职业教育融合不够，难以实现在职业领域与教育领域的顺畅转换和终身学习。职业教育的学历证书和职业资格证书分别由不同职能部门管理，在双证融通、相互开放等方面仍存在障碍。此外，我国技术技能型人才培养供给侧和产业需求侧在结构、质量、水平上还不能完全适应，"两张皮"问题比较突出。

（三）职业教育办学基础能力薄弱

当前我国职业教育经费投入总体水平仍然不高，职业教育发展的不平衡不充分问题更加突出。职业院校"双师型"教师队伍数量不足、结构不

合理，尚未形成符合职业教育特点的教师制度。此外，社会对职业院校毕业生的就业歧视仍存在，家长和社会对职业教育的认可度还不高，技术技能型人才发展环境亟待改善。

二、未来我国技术技能型人才的供需及缺口分析

（一）从人才供给看：供给总量逐年增加，供给质量稳步提高

随着《国家职业教育改革实施方案》的实施，我国职业教育将得到快速发展，技术技能型人才供给的总量和结构问题将有所改观。预测表明，2019—2035 年，技术技能型人才供给总量将由 1.85 亿人增至约 3.43 亿人。

从供给结构看，高级技术技能型人才供给量，2035 年将超过 1.45 亿人，期间年均增长超过 470 万人。中级技术技能型人才供给量，2035 年将超过 1.56 亿人，期间年均增长超过 420 万人。初级技术技能型人才供给量，2035 年供给量不足 5 500 万人，期间年均增长仅 25 万人。可见，未来一段时期我国高层次技术技能型人才的供给在逐年增加，这与《国家职业教育改革实施方案》中提到的"大幅提升新时代职业教育现代化水平，为促进经济社会发展和提高国家竞争力提供优质人才资源支撑"的职业教育结构优化调整思路相吻合。

（二）从人才需求看：需求总量更加强劲，需求结构日益分化

随着产业升级和经济结构调整的不断加快，各行各业都需要大量的技术技能型人才，特别是先进制造业、现代服务业等领域对高层次技术技能型人才的需求更加强劲。预测表明，2019—2035 年，技术技能型人才需求量将由 1.99 亿人增至 3.56 亿人。

从需求结构看，高级技术技能型人才需求量，2035 年将超过 1.4 亿人，期间年均增长超过 450 万人。中级技术技能型人才需求量，2035 年将超过 1.4 亿人，期间年均增长近 350 万人。初级技术技能型人才需求量，2035 年将不足 7 200 万人，期间年均增长仅 120 万人。可见，未来一段时期，我国对高级技术技能型人才的需求逐年增加，这与我国产业结构优化

升级，建设现代化经济体系和实现高质量发展相符合。

（三）从供需缺口看：缺口率趋于收窄，结构性短缺突出

从供需缺口看，2019—2035年我国技术技能型人才的总量缺口区间为1 246万～1 402万人，年均缺口在1 300万人左右。需要指出的是，从缺口率（技术技能型人才缺口量/技术技能型人才需求量）来看，技术技能型人才的缺口率在逐步缩小，缺口率从2019年的7%将逐步缩小到2035年的3.85%。这表明随着《国家职业教育改革实施方案》的实施，我国技术技能型人才培养的步伐开始加快，技术技能型人才的增长在满足经济增长和结构升级需求的同时还在一定程度上填补了技术技能型人才的存量短缺，使我国技术技能型人才的缺口率也不断收窄，部分行业技术技能型人才紧缺状况将会有所缓解。

从供需的结构匹配看，随着经济结构转型升级的推进，劳动者技能水平和岗位需求不匹配的结构性矛盾依然突出。计算表明，高级技术技能型人才在2019—2035年均较为短缺，年均缺口超过700万人，且总体呈现缺口逐年增大趋势；中级技术技能型人才在此期间同样短缺，年均缺口690万人，但缺口呈现明显的缩小态势；初级技术技能型人才总体上已经供大于需，年均过剩100万人左右。由此可以看出，当前及未来一段时期，我国技术技能等级越高的劳动力缺口越大，中级技术技能型劳动力供需矛盾逐渐开始缓解，而初级劳动力市场已经饱和，并开始出现供大于求的情况。这表明我国技术技能型人才层次的需求在不断升级，对高层次技术技能型人才的需求更加旺盛，这也对我们技术技能型人才培养结构调整提出了新的要求。

三、促进我国技术技能型人才发展需要供需双侧精准发力

（一）完善职业教育和培训体系，多渠道增加技术技能型人才总量供给

一是政府要发挥技术技能型人才培养的主导作用。落实高职、中职生均拨款政策，并根据办学规模和教学要求进行动态调整，做到投入与普通教育标准大体相当。合理划分各级政府对职业教育投入的责任和比例，地

方财政注重保日常运转，中央财政注重支持改革和加强薄弱环节，确保教育公共财政投入职业教育占比逐年上升。

二是企业要发挥技术技能型人才培养的主体作用。深化产教融合，对产教融合型企业给予"金融+财政+土地+信用"的组合式激励，并按规定落实相关税收政策，推动职业院校和行业企业形成命运共同体。建立技术技能型人才定期培训制度，通过资助、补贴、设立基金、税收优惠、政府购买服务等方式支持企业开展技术技能培训活动。

三是职业院校要发挥技术技能型人才培养的基础作用。完善招生机制，建立职业学校和普通高校（高中）统一招生平台，保持高中阶段教育职普比大体相当。完善高层次应用型人才培养体系建设，推动具备条件的普通本科高校向应用型高校转变，扩大技术技能型人才总量供给。打通"中等职业教育—高等职业教育—应用型本科教育"的学习衔接渠道，实现中高职贯通、普职融通。

（二）紧跟产业变革和市场需求，注重提升技术技能型人才的培养质量

一是进一步完善技术技能型人才培养布局。优化职业教育布局，引导职业教育资源逐步向产业和人口集聚区集中。加强分类指导，引导各地结合区域功能、产业特点探索差别化职业教育发展路径，鼓励各地因地制宜发展、错位发展、特色发展。

二是建立紧密对接产业链、创新链的技术技能学科专业体系。全面改善职业院校和各类培训机构的办学条件，赋予职业院校充分的专业设置与调整自主权，科学合理设置技术技能型人才培养的专业设置，完善专业随着产业发展动态调整的机制。注重专业设置与调整的前瞻性，使职业教育专业主动适应新技术、新标准和新需求，从总体上提升职业教育与产业需求的适配程度。

三是建立终身职业技能培训体系。健全覆盖城乡全体劳动者，贯穿劳动者从学习到工作的各个阶段，适应劳动者多样化、差异化需求的终身职业技能培训体系。以政府补贴培训、企业自主培训、市场化培训为主要供给，以公共实训机构、职业院校、职业培训机构和行业企业为主要载体，

构建资源充足、布局合理、结构优化、载体多元、方式科学的培训组织实施体系。

（三）加快实施正向激励政策，营造技术技能型人才成长的社会氛围

一是不断改善技术技能型人才的社会地位和岗位吸引力。大力弘扬劳模精神和工匠精神，发挥中华技能大奖、全国技术能手等荣誉的导向作用，设立"国家大国工匠奖章"，增加高技能领军人才参与全国创新争先奖等奖项的推荐名额，大力营造劳动光荣、技能宝贵、创造伟大的社会氛围，鼓励更多的学生走技术技能成才道路。

二是完善符合技术技能型人才特点的企业工资分配制度。结合深化收入分配制度改革，促进企业提高技术技能型人才收入水平，鼓励企业建立高技能人才技能职务津贴和特殊岗位津贴制度。实行高技能领军人才年薪制和股权期权激励制度，鼓励企业制定技能要素和创新成果按贡献参与分配的办法，实现技高者多得、多劳者多得。

三是抓紧清理针对技术技能型人才的歧视性政策。建立职业资格、职业技能等级与相应职称比照认定的制度，打破职业技能等级和专业技术职务之间的界限。深化劳动人事制度改革，推动职业院校毕业生在落户、就业、参加机关事业单位招聘、职称评审、职级晋升等方面，与普通高校毕业生享受同等待遇，不断提高技术技能型人才的收入水平和社会地位。

（四）完善人才评价体系，拓展技术技能型人才成长通道

一是创新技术技能型人才多元化评价方式。引导和支持企业、行业组织和社会组织自主开展技术技能评价，倡导构建社会化技术技能鉴定、企业技术技能型人才评价和院校职业资格认证相结合的技术技能型人才多元评价机制。企业开展自主评价的职业（工种），在国家职业资格目录内的，由行政主管部门为合格人员办理职业资格证书；不在国家职业资格目录内的，可以由企业向合格人员颁发职业技能等级证明，在企业内部认可其技术等级水平，兑现相关福利待遇。

二是完善技术技能型人才的评价标准和体系。完善技术技能等级认定政策，建立技术技能标准和评价规范动态调整机制，在接受社会、行业和

专家意见建议的基础上，定期对技术技能标准进行调整。推进"学历证书+若干职业技能等级证书"制度，加快学历证书和职业技能等级证书互通衔接。制定符合国情的国家资历框架，推进职业教育国家"学分银行"建设，开展学历证书和职业技能等级证书的认定，促进各类资历互认转换。

三是加大对技术技能型人才创新能力、现场解决问题能力和业绩贡献的评价比重。进一步突破比例、学历、资历、年龄和身份限制，建立完善技术技能型人才凭创新能力、现场解决问题能力和业绩贡献获得科学评价并得到合理使用的制度。发挥职业技能竞赛的作用，重视涉及重大工程、重大项目、重点产业的职业技能竞赛在培养选拔技术技能型人才的作用。

（五）加大人才引进力度，构建具有国际竞争力的引才政策体系

一是实行更积极、更开放、更有效的高层次技术技能型人才引进政策。设立引进高层次技术技能型人才的绿色通道，简化人才来华工作的相关流程。抓住美国收紧对其他国家高层次人才签证的机会，柔性汇聚全球技术技能型人才资源。对外国人才来华签证、居留放宽条件、简化程序、落实相关待遇，为吸引高层次技术技能型人才来华工作提供政策保障。

二是建立中国特色的高层次技术技能型人才移民政策体系。构建系统的人才移民体系，完善由签证、绿卡、入籍等构成的递进的政策体系，加快研究制定投资移民、技术移民、非常规移民、亲属移民等方面的法律法规，为高层次技术技能型人才引进提供法律保障。加强高层次技术技能型人才引进评估，围绕技能等级、学历、专长、工作经历等维度构建科学的评估体系，探索形成符合我国国情的移民计分制度。

三是健全引才工作服务平台。制定高层次技术技能型人才专属的就业政策，完善薪资、升迁、调动、继续教育等在内的一系列保障举措，解决引进人才任职、社会保障、户籍、子女教育等问题。建立统一的、标准的、开放的技术技能型人才资源市场，促进引进技术技能型人才流动更加自由、有序。建立以市场驱动为主的人才供需反馈机制，发挥企业、科研院所、大专院校、产业园区等组织的主体地位，积极引导市场为海外人才的引进和配置提供平台。

第五章　技术技能型人才的国外经验借鉴

不同国家在技术技能型人才培养领域拥有独特的培养模式和方法。借鉴国外经验在技术技能型人才培养方面有着重要的价值，可以拓宽我们的视野，为我国提供新的思路和创新模式，有效解决问题，提升培养质量，推动体制改革，增强国际竞争力，为我国技能人才培养体系的不断优化和创新提供有益的启示。本章特别关注了来自美国、德国、英国、日本等国的经验启示。

第一节　美国技术技能型人才经验借鉴

一、基本情况

美国社区学院作为美国高等教育体系中的重要组成部分，在职业教育领域发挥着卓越的作用，为广大学生提供了多元化且高度实用的职业教育和培训机会。社区学院的职能不仅仅是传授知识，更是为学生的职业发展铺平了道路。这些社区学院通过灵活的学习计划和贴近实际的课程设置，旨在满足各行各业对技术技能型人才的紧迫需求。学生可以根据自身兴趣和职业志向选择适合的专业方向，无论是医疗、工程、商业、信息技术还是制造业等领域，都能找到适合自己的培训内容。社区学院的教学重点是将理论与实践相结合，确保学生能够真正掌握实际操作技能，迅速融入职场并为其职业生涯打下坚实的基础。除了职业教育，社区学院还通过与当地企业和产业合作，提供实习和工作机会，使学生能够在真实职场中应用所学知识并建立行业关系。这种紧密的合作关系使社区学院的毕业生更具竞争力，他们不仅拥有丰富的专业技能，还具备了实际工作经验，能够立即为企业创造价值。

同时，社区学院的教育模式也鼓励终身学习和职业发展。许多人在完成职业培训后，选择继续深造并获得更高层次的学历，为自己的职业发展打下更加坚实的基础。这种连续的学习过程使人们能够适应不断变化的职业环境，不断提升自己的技能和素质。

（一）美国社区学院职业教育的基本特点

（1）针对性。社区学院职业教育的教学、服务及其他各项工作都明确地以社区为中心，关心社区的生活，发展社区经济。职业教育的专业、课程设置以社区的近期、长远需要及当地工商业的需要和就业趋势为依据。

（2）经济性。社区学院职业教育的成本相对于四年制学院和大学要低得多，学杂费用也非常低。这是因为州政府和当地政府是社区学院的主要投资者，学生需交纳的费用很低。

（3）适应性。社区学院职业教育明确以社区发展的需要为根据，以促进社区的改革与建设为目的，并适应社区和学生个人的具体情况。

（4）灵活性。社区学院职业教育的办学非常灵活，从学生来源看，职业教育面向社区全体成员，招生从不进行严格挑选，没有入学考试，实行"无试招生"①。

（二）职业教育的保障机制

美国的职业教育体系具备坚实的保障机制，这包括了综合利用法律、制定政策方针、直接财政拨款以及必要的行政手段进行宏观管理。这些机制旨在确保职业教育的质量、可持续性和广泛受益。

（1）法律法规的制定和实施。美国通过制定一系列法律法规来保障职

---

① 申培轩. 美国社区学院的职业教育 [J]. 教育与职业，2000（5）：56-58.

业教育的发展。例如，1862 年美国国会通过了《莫雷尔法案》，该法案创设了土地拨款学院制度，为各州提供土地以支持创办职业学校和农业学院。这种制度为职业教育的发展提供了实际资金和政策保障。此外，美国还制定了一系列关于职业教育内容、教学标准、教师资质等方面的法律法规，以确保职业教育的质量和可持续性。

（2）政策方针的制定和指导。美国政府通过制定明确的政策方针来引导职业教育的发展。这些政策方针通常涵盖课程设置、教学方法、课程质量评估等方面。政府会根据不同行业的需求和社会变化，及时调整政策方针，确保职业教育与时俱进，适应市场的需求。

（3）财政拨款的支持。美国政府通过直接财政拨款来支持职业教育的发展。这些拨款可以用于职业学校的建设、设备更新、教师培训等方面。此外，政府还会通过奖学金、助学金等方式帮助学生减轻经济负担，鼓励更多人参与职业教育。

（4）行政手段的宏观管理。美国政府通过必要的行政手段来进行对职业教育的宏观管理。这包括监督学校的运营情况、审核课程设置、制定教师资格标准等。政府还会与各行业机构、企业合作，了解市场需求，确保职业教育的内容和质量与实际需求相符。

二、对我国成人职业教育的启示[①]

（一）推动职业道德教育政策供给，构建完善的法律制度体系

我国政府教育主管部门必须积极出台统一的、符合市场需求的成人职业教育法律法规，营造公平、科学、合理的政策执行环境；使社区学院按成人教育市场的规范化要求来建设，为受教育者开设职前、职中和职后的职业道德教育培训课程；出台针对权利权益、培训内容等方面的专项政策和法规，细化实施执行措施。

教育主管部门需进一步制定具体的社区学院教育资金投入的扶持政策

---

① 许洋毓. 美国社区学院的职业道德教育及其对我国成人职业教育的启示 [J]. 成人教育，2021，41（7）：90-93.

和资金来源保障的法律法规，鼓励社会资源融入社区教育，并以市场需求为导向，强化制度供给，加强配套法律体系构建。

政府在具体执行和实施政策的过程中，向弱势群体倾斜，建立执行监督的法律保障制度，确保各项政策和法规都能落到实处。

（二）重构职业道德教育的价值，提升职业道德教育内容的广泛性

当今中国，多元文化在快速传播，使得职业道德教育内容呈现出多元化的发展趋势，这就需要职业道德教育内容具备广泛性，既要涵盖政治性内容，也要包含基本职业素质理论，还要具备针对性的服务咨询的内容。

借鉴美国社区学院在职业道德教育内容上的优势，我国成人职业道德教育实践必须注重理想信念教育，将社会主义的意识形态和信仰精神教授给所有受教育者，在细雨润物的教育中，丰富受教育者的精神生活，凝心聚力，使受教育者在追求美好生活的奋斗拼搏中，实现自身的职业价值和人生目标。

（三）以优化教育资源为突破点，提振职业道德教育实施模式

根据我国基本国情和我国职业道德教育的现状，想要提升职业道德教育水平，就要对现有教育资源进行整合和再分配，以此来发挥教育资源的最大效用，并通过增强学院、企业组织和机构之间的协调合作，来减少重复的职业道德教育服务。

首先，要在尊重人的自主性的基础上，有组织有计划地向受教育者进行智慧教育。建设多样化教育平台和设施，提供多种培训和预备课程，开展更多志愿服务活动；利用闲暇时间向受教育者开展社区活动，以此提升受教育者的社会服务意识和职业素养。

其次，对于中小城市，加强社会文化组织资源的开发和利用，尤其是强化社区教育中心的职业道德教育功能。以固定的社区教育中心为载体，来实施和推进职业道德教育活动。利用成熟的教育配套和资源来进行法制教育，宣传党的路线方针政策；在优雅的环境中学习职业技术和科学文化知识；以丰富的教育资源，来实现职业道德教育职能的提振。

最后，在农村和基层社区，必须进行地方特色职业道德教育，充分挖

掘和利用地方性的各类组织的资源和教育资源。在实践中优化教育资源，积极引导企业的广泛参与，加快完善农村社区教育的基础，加强对社会公民的职业精神教育，真正做到因地制宜，具体问题具体分析。

第二节　英国技术技能型人才经验借鉴

一、基本情况

英国的教育系统主要分为三个阶段，义务教育阶段（对应小学和中学）、延续教育阶段和高等教育阶段（对应大学）。在英国，学生中考（GCSE 考试）过后，学生的义务教育阶段就结束了，延续教育正式开始，分成两个路线：一个是学术路线，继续上高中；另一个是职业路线，读职业学校，学生可以考取国家职业资格证书。职业资格证书可以转换成普通教育的文凭证书，学生凭此也可以获得英国大学的入学资格。

此外，学生还可以选择去当学徒。英国的职业教育体系中，学徒制是沿袭百年的重要方式之一。近年来，英国又推出学位学徒制。学位学徒制鼓励企业与高校合作提供课程，学生可以一边念大学，一边在企业实习，毕业后既能获得学术认可，拿到正规大学学位，又能收获企业所需技能，甚至提前锁定一份工作。

二、英国层级化现代学徒制人才培养体系

（一）简述

英国于 2011 年 4 月颁布了《英国学徒制标准规范》，意味着英国全国范围内的层级化现代学徒制体系已经形成，即适龄年轻人接受学徒制教育，可以分为中级学徒制（intermediate level apprenticeship）、高级学徒制（advanced level apprenticeship）和高等学徒制（higher apprenticeship）。

中级学徒制对应二级国家职业资格，为学徒选择职业及进入高级学徒制做准备；高级学徒制对应三级国家职业资格，为学徒选择职业及进入高

等学徒制做准备；高等学徒制对应四级、五级、六级、七级国家职业资格，其中四级、五级相当于获得高等教育文凭，六级学徒相当于完成普通大学教育能获得学士学位，七级学徒相当于完成了研究生阶段的教育能获得硕士学位[①]。

（二）主要特色

（1）拥有完善的现代学徒制人才培养框架及人才培养路线。

（2）以企业为导向，促进产教融合。

（3）多层级多社会团体协作共同培养。

（4）学历证书与国家职业资格证书相结合。

（三）文化-认知层面技能人才社会地位提升

（1）在法律法规中规定普职同等的地位，设立国家学徒奖。

（2）抨击精英主义，积极推进教育公平[②]。

（3）坚持技能立国的理念，引领改善社会共识。

三、对我国职业教育的启示

英国的职业教育体系在多个方面为我国的职业教育提供了有价值的启示，包括以下几点：

（1）灵活的课程设置。英国的职业教育注重为学生提供多样化的课程选择，允许学生根据自身兴趣和职业目标进行选择。这种灵活性能够更好地满足不同学生的需求，使他们在职业发展的道路上有更多的选择。

（2）紧密的行业合作。英国的职业教育与行业合作紧密，不仅在课程设置上与实际职场需求保持一致，还通过实习、实训等方式让学生接触真实工作环境。这种合作能够使学生更好地融入职场，为行业培养出更具竞争力的人才。

（3）实践导向的教学。英国的职业教育强调实践导向的教学方法，注

---

① 吴凡. 英国层级化现代学徒制人才培养及其对我国的启示 [J]. 教育与职业，2019（12）：79-85.

② 张燕军，尹媛. 英国约翰逊政府高技能人才培养政策的社会学制度主义分析 [J]. 职业技术教育，2022，43（4）：73-79.

重培养学生实际操作技能。这有助于学生将所学知识应用于实际工作中，提升他们的职业竞争力。

（4）职业导向的评估体系。英国职业教育采用职业导向的评估体系，强调学生的实际能力和技能。这种评估方式更加客观准确，能够更好地反映学生在职业领域的表现。

（5）终身学习的理念。英国鼓励终身学习，提供成人继续教育和培训机会。这种理念使得职业人士能够随时跟进行业发展，不断提升自己的技能。

第三节　德国技术技能型人才经验借鉴

一、基本情况

德国将高等教育和职业教育发展成两条平行、平等的路线。德国实行从小学到高中的 12 年制义务教育，学生在完成小学四年或六年教育后就被实施"学、职两轨"分流。学生根据个人的未来发展规划，在普通中学、实科中学、文理中学中做出选择。

普通中学是以就业为导向的技能学校，为学生将来的就业做准备。学生结束学业后进入双元职业教育学校，接受"双元制"体系培训。文理中学以上大学为导向，传统学制一般为 9 年，毕业生参加完德国高中毕业会考之后，可进入德国大学就读。实科中学则是介于普通中学和文理中学之间的存在，学生在实科中学毕业后，可以选择接受德国职业学校"双元制"体系培训，也可以选择进入文理中学参加德国高中毕业会考，申请大学。

（一）高教职教平等

德国每年上文理中学的学生在 40%～50% 的区间内波动，剩余 50%～60% 的学生的教育也被高度重视。职业教育与高等教育的平等地位，从社会评价、企业用人标准、工资待遇、教育通道等方面均可佐证①。

在社会评价方面，在德国，政治家、教育家、企业家、工程师、技工之间仅仅是职业差别，不存在尊卑贵贱之分。在择业观念方面，德国人对职业选择的观念是，无论读大学还是上职业学校，毕业后的工作都应该与专业对口。在工资待遇方面，德国的税收政策和薪资制度也保证了无论是否接受过大学教育，无论从事哪种职业，实际薪资水平差距都不会过大。高级技工作为"企业之宝"，同高等教育人士一样，能获得更高的工资待遇及福利保障。在教育通道方面，德国的教育和晋升通道同时对高校生和职校生敞开。德国上学没有年龄限制，属于典型的"活到老学到老"的范例。

（二）双元制

1. 发展历史

"双元制"职业技术人才培养模式在德国经过了长期的发展而日臻完善。奥地利、瑞士、丹麦和卢森堡等国也进行模仿。这种培养模式的起源可以追溯到中世纪时德国的已经制度化的学徒式技艺传授制度。1900年德国许多大城市将学徒期青少年的进修学校教育规定为义务教育，并决定让企业参加职业培训，承担培训的主要责任，同时要求接受培训的青少年还必须接受职业学校教育以补充企业培训，政府也把这种教育模式正式确定并命名为"双元制"职教模式。1969年西德颁布《职业教育法》，从法律上确定了这种"双元制"职业教育体系。

2. 运行机制

德国在职业技术人才培养上采用"双元制"培养模式，即学生同时在学校和实际工作场所两种不同的环境中接受培训，在职业学校接受理论培训和普通教育，同时又在工作场所学习实际操作，企业和学校分工合作，共同完成职业技能人才的培养。在这种培养模式下，受训者具有双重身份，一方面他是职业学校的学生，另一方面又是工厂的学徒。在时间安排上，受训学徒每星期有3~4天在工作场所培训学习，其余1~2天在学校学

---

① 臧梦璐. 德国如何培养高素质产业工人［J］. 光彩，2021（10）：26-27.

习理论课程（他们学习的学校叫部分时间制职业学校，通常每周开学 1~3 天）。一般情况下，他们每周在学校上课的时间为 6~12 小时不等，平均为 8 小时，其中 3 小时是普通课如政治、德语等，另外 5 小时则是同职业有关的内容[①]。"双元制"是德国职业技术人才培养体系的主体和基础。德国实行 12 年制义务教育，在接受完前 9 年普通义务教育后，大约有 70% 的学生转而接受 3 年的"双元制"职业义务教育，因此大多数德国青年步入职业生涯之前都经过"双元制"培训，职业技能人才更是都要接受这种培训。

"双元制"是把传统的"学徒"培训方式与现代职业教育思想相结合的一种学校和企业合作办学的模式。在德国，"双元制"教学是除全日制职业教育和升学导向职业教育，高中阶段职业教育中的一个重要组成部分，它的特点是直接向企业输送成熟、合格的技术工人。接受这种职业教育的学生要和培训企业签订合同，内容包括学习起止日期、学习内容、假期、津贴等。学生部分时间在校学习理论知识，部分时间在企业当"学徒"，把课堂知识应用于实践。在完成两年至三年半的学习后，学生将参加评估考试，通过考试后可获得由相关行业协会颁发的全国承认的执业资格证书。获得证书的毕业生可进入之前接受培训的企业，或去其他同类企业从事相关工作，还可以选择继续深造，暂时不进入就业市场[②]。

3. 要求及程序做法

学生至少接受过 9 年的公共教育，并与某个企业签订协议或由学校联系寻找相关企业，才能进入职业学校学习。

在培训开始前，提供培训的企业主（培训主）和接受培训的青年（受培人）必须订立规范详细的书面合同，合同必须明确规定培训的性质、内容、时间和培训目的，培训开始的日期和培训的期限；培训场所之外的培训措施；日常培训课时数；试培训期限；培训津贴的多少和支付形式；休

① 杨守建. 发达国家的职业技能人才培养及其借鉴意义 [J]. 中国青年研究，2005（9）：8-13.

② 臧梦璐. 德国如何培养高素质产业工人 [J]. 光彩，2021（10）：26-27.

假期限；解除培训合同的条件。

学徒在接受培训过程中参与了企业的劳动，因此可以依法获得一定的津贴。如果在培训过程中，学徒工作时间超过了协定的每日正常培训课时，培训主还应支付加班津贴。学徒在企业所从事的工作必须与培训目的有关，由于学徒是青少年，这些工作还必须与学徒的能力相称。

培训主除了要保证向学徒传授为达到培训目的所必需的技能和知识外，还要鼓励学徒上职业学校学习，并在必要时检查他们的学习成绩册。企业必须确保学徒有足够的时间到学校接受相关教育和参加考试。

企业在培训过程中要支付一定的费用，虽然学徒在接受培训中参与劳动，会为企业创造一定的经济效益，但有统计表明，学徒的职业培训总费用中，平均只有约40%的学徒可以在培训期间为培训主所取得的经济收入[①]。因此，实际上企业要为培训学徒付出高昂的代价。而法律规定，企业不得要求学徒支付职业培训补偿费，也不能限制学徒于职业培训关系结束后留本企业工作，含有这样内容的任何协议都是无效的。

4. 特点与优势

学生接触的是企业当时真实的生产环境及先进的设施设备，他们所学到的实际技能，所积累的工作经验，都是可以立刻应用到企业生产中去的。

他们又可以在学校接受系统的、连贯的教育，获得跟生产劳动直接有关的一些基础知识，从而避免了企业培训缺乏系统连贯的理论知识、而学校教育缺乏实际的动手能力的缺陷。

学徒在培训过程中实际上还接受了一定程度的普通教育，接受了"双元制"职业技术培训的学生也可以再上专科高中，取得专科高中的毕业证书，从而取得上专科大学的入学资格[②]。

---

① 胡健雄，卢爱红，王俊舫. 经济奇迹的"秘密武器"［M］. 北京：人民出版社，1993：69.

② 杨守建. 发达国家的职业技能人才培养及其借鉴意义［J］. 中国青年研究，2005（9）：8–13.

（三）强有力的法律保障

19 世纪末，德国通过《手工业者保护法》，开创了校企合作的雏形[①]。德国 1969 年出台的《职业教育法》，规定了职业培训中学生和企业的权利和义务，对校企的教育、培训资格提出了详细要求，并细化了学徒教育的适用领域。该法与其他相关法规一起，为如今的"双元制"职业教育模式奠定了制度基础。

此后，德国通过重新修订相关法律，引入了"专业学士""专业硕士"等学位制度，强化职业教育和高等教育的等值对应，增强大众对职业教育的认可度，还规定了学生培训期间的最低津贴及每年的增幅标准。

二、对我国继续教育发展的启示

（1）更加强调职业教育的重要性。德国将技术技能培养与学术教育同等看待。我国可以借鉴德国的职业教育模式，将职业教育提升至更高的地位，确保技能人才和学术人才的平等发展。

（2）实践导向的培养模式。德国培养注重实践能力的培养，学生在校期间就能获得实际工作经验。我国可以加强技能人才的实践培养，与企业合作，提供实际工作机会，帮助学生更好地融入职场。

（3）产学研结合。德国的职业教育与企业紧密结合，由企业参与课程设置、教学和实训。我国可以加强产学研结合，推动学校、企业和科研机构的合作，确保培养出更适应市场需求的技术技能型人才。

（4）长期稳定的发展路径。德国的职业教育为学生提供了明确的职业发展路径，包括学徒制度和职业资格认证。我国可以借鉴这种制度，建立更稳定的技术技能型人才培养体系，让学生在职业发展方向上有更清晰的规划。

（5）终身学习的理念。德国鼓励终身学习，为在职人员提供继续教育和培训机会，使他们不断提升自己的技能。我国可以倡导终身学习的理

---

① 叶春霜. 国外校企合作对我国高校人才培养的启示 [J]. 中国成人教育，2013（22）：102-104.

念，为技术技能型人才提供持续的学习机会，以适应科技快速发展的要求。

（6）社会认可和尊重。德国的技术技能型人才受到社会的高度认可和尊重，他们的职业选择被视为一种光荣。我国可以加强对技术技能型人才的社会认可，鼓励更多人投身于这一领域。

第四节　日本技术技能型人才经验借鉴

一、基本情况

（一）重视对技术技能型人才职业精神的培养

日本的职业院校培养和企业职业培训模式对职业精神培养都很重视。日本的职业院校和高等技术专门学院，从目标定向到教育过程，再到结果考核，构成了全方位的保障系统，保证了职业精神的充分培养与强化。

在目标定向方面，日本将"高超的技术能力、敬业尽职的精神、组织和个人生涯发展的理念、职业人的认同和自豪感等"作为技术技能型人才培养目标，明确规定对职业精神的培养，还通过严格入学考试、开展作品展览和职业人展示、深入企业访问和增强职业资格的吸引力等途径来加强学生对职业精神的重视[①]。在教育过程方面，日本采取以实践主导的课程模式、立体化的授课方式和自主探究的学习方式来为学生构建职业化的学习生活。在结果考核方面，日本采取平时检查、期末考核和毕业考核相结合的方式，全面、严格地监控技术技能型人才培养质量。

（二）重视人才培养活动的整体性

日本在人才培养活动中注重整体性，将学校教育、职业培训和实际工作经验相结合，形成了完整的培养体系。学生从初中起就可以选择不同类型的学校，如职业学校、技术学院等，根据自身兴趣和特长，有针对性地

---

① 何应林. 职业技能与职业精神融合培养：德国、日本、瑞士的经验与启示 [J]. 黑龙江高教究，2019，37（11）：87-91.

接受教育。此外，日本鼓励学生参与职业实习，通过实际工作经验提前适应职场环境，培养实际操作技能。这种整体性的培养方式有助于将理论知识与实际应用相结合，为技术技能型人才的培养提供了更为丰富的资源。

（三）为学生提供职业指导

日本注重为学生提供职业指导，帮助他们明确职业发展目标和规划。学生可以参加职业体验活动，实地了解不同职业的工作内容和要求。学校还聘有专门的职业咨询师，为学生提供个性化的职业建议和指导，帮助他们选择适合自己的职业道路。这种积极的职业指导有助于学生在职业发展方向上更加明确，提前为未来做好准备。

（四）重视反思的作用

日本强调学生的反思能力和自我评价，帮助他们不断提升。学生在职业实习或工作后，会进行反思和总结，分析自己的表现和不足之处，从中获得经验教训。这种反思的习惯有助于学生不断自我调整和提升，使他们能够更好地适应职场的挑战和变化。

（五）建立职业教育内部不同体系的流通渠道

日本职业教育体系复杂，职业学校种类、性质繁多，按照不同的分类标准有不同的划分结果。按照办学性质来划分，其可以分为国立、公立、私立三类；按照办学类型来划分，其可以分为学校职业教育、企业教育；按照办学层次来划分，其可以分为初级职业教育、高等职业教育、技术科学大学、专业研究生院，覆盖从高中到博士阶段各个层次的学历。

日本各类职业学校、学科体系之间是相互融通的且有着密切的关系①。

（六）重视私立职业学校在职教体系中的作用

日本私立职业学校的办学体制灵活，与劳动力市场实现了充分对接，各个学校与各区域内的经济社会发展保持着紧密联系。私立职业学校有较大的办学自主权，且有监督机构，保证规范运行。私立职业学校是独立法人，除了开展正常的职业教育教学工作，还可以开办各类创收性事业，也可以进行商业活动，调动其积极性。

---

① 丁宁.日本职业教育发展历程、特点及启示［J］.教育与职业，2019（4）：79-85.

（七）注重企业教育制度的规范与完善

学校职业教育体系所培养的人才有一定的滞后性，为了保障技术技能更新与企业需求的匹配，日本重视企业教育制度构建。

为了调动企业举办职业教育的积极性，日本政府实施了一系列优惠政策，鼓励企业发挥其优势开展职业教育活动。比如，对企业教育有固定的经费补贴；鼓励技术科学大学、专业研究生院与企业联合办学，促进产学研的融合；对举办职业教育培训的企业，政府实施一定的税收减免政策，将企业用于员工职业培训的经费排除在税收之外。

为了保障企业教育制度的持续性，日本政府还实施了诸多的配套制度体系，如终身雇佣制，从而避免了某些企业"搭便车"的行为；薪资与职业资格、教育年限挂钩政策；就业准入、职业资格获取与职业培训挂钩制度；企业教育师资与学校职业教育师资交流制度等。

二、对我国职业教育的启示

（1）厚植有利于职业技能与职业精神融合培养的社会环境。

（2）在技术技能型人才培养实践中明确、落实职业精神的培养。

（3）重视人才培养活动的整体性与实践性。

（4）重视教师的实践经验积累与教学能力培养。

（5）为学生成长提供各种支持条件。

（6）完善学校职业教育的层次体系。

（7）加大对民办职业教育的支持。

（8）完善企业教育制度体系建设①。

---

① 何应林. 职业技能与职业精神融合培养：德国、日本、瑞士的经验与启示 [J]. 黑龙江高教研究，2019，37（11）：87-91.

第五节　瑞士技术技能型人才经验借鉴

瑞士的"三元制"职业教育是一种独特的职业培训模式，其特点是将学校教育、企业实训和职业学校培训有机结合起来，以培养高素质的技术技能型人才为目标。这一制度分为三个主要部分：

学校教育：学生在瑞士的职业教育体系中首先接受学校教育，包括基础的学术科目和职业基础知识。这一阶段为学生提供了必要的理论基础，使他们能够理解所学职业领域的基本概念和原理。

企业实训：学生在学校教育后进入企业进行实际实习和培训。他们有机会在真实的工作环境中应用所学知识，获得实际操作经验，并与实际从业者互动。企业实训使学生能够更好地了解行业需求，培养实际技能，为未来职业发展打下基础。

职业学校培训：在学校教育和企业实训的基础上，学生还需要参加职业学校培训，这一阶段通常是在工作日之外进行的。职业学校培训进一步加强了学生的职业知识和技能，使他们能够全面应对复杂的职业要求。

通过这种"三元制"职业教育模式，瑞士能够培养出适应市场需求的技术技能型人才，他们不仅拥有坚实的理论基础，还具备实际操作经验，能够迅速适应职场要求。这一模式在瑞士被广泛认可，并为其他国家的职业教育体系提供了有益的借鉴。

一、基本情况

瑞士 70% 的中学生毕业后不上大学，而是进入各类技术学校和专科学校。瑞士目前拥有超过 200 个职业教育项目，分为两年制或三到四年完成的学制。学生在获得联邦职业教育与技术文凭后可以就业，也可以进入高等职业学院，或通过会考进入应用科学大学乃至联邦理工大学继续学习。

瑞士职业教育成功的秘诀，在于由企业、政府和学校三方紧密合作的学徒制教育模式，称为"三元制"。在瑞士，职业教育由公司和学校一起承担，课程由行业组织、公司和政府共同参与设计，从而保证教育内容与行业现状、未来发展紧密对接。这样学习三到四年后，学生就能掌握所学行业的专业技能。

二、"三元制"的关键要素

企业、学校和培训中心是支撑瑞士"三元制"人才培养模式的关键要素。具体而言：

第一，从培训内容来看，企业、学校和培训中心均参与人才培养工作，企业为学徒提供车间岗位实训环境，助力其独立走上工作岗位；学校则对学生进行经济学、商业学、语言学等方面的理论知识教育工作；培训中心由瑞士行业协会设立，其重点对学徒进行社交技能、实操训练、工作方式等方面的指导，提升了学徒的综合素质。

第二，从培养目标上看，瑞士"三元制"模式会结合社会产业结构变化及劳动力市场需求等要素来进行教学目标变革，旨在培养适应社会发展的高级应用型人才。

第三，在就业管理上，瑞士教育部门十分关注就业指导及职业资格证书管理，不同的培训项目都有对应的资格证书，完成三年或四年培训的学徒即可获得学业结业证书，表明对其专业能力的认可[1]。

三、对我国职业教育的启示

瑞士的三元制职业教育为我国提供了重要的启示。这一制度将学校、企业和政府紧密结合，形成了有机的职业教育体系，为我国技术技能型人才培养带来以下启示：

首先，强调实践与理论的有机结合。瑞士的职业教育注重将学习与实

---

① 黄倩，余莉. 国外应用技术型本科高校人才培养的经验及现实启示 [J]. 西部学刊，2021 (21)：117-119.

际工作相结合，使学生在实际工作中获得实际经验，培养实际技能。这启示我们在培养技术技能型人才时，也应强调实际操作与理论知识的融合，让学生在实践中获得更丰富的经验。

其次，产学合作的机制十分重要。瑞士的三元制职业教育将企业作为培养的重要一环，与学校紧密合作，确保培养出符合市场需求的人才。这提醒我们，要加强产学合作，让培养方案更贴近产业需求，提高技术技能型人才的就业竞争力。

最后，强调个性化培养和职业认可。瑞士的职业教育充分考虑学生的兴趣和特长，实行个性化培养，同时有明确的职业资格认证制度。这启示我国在培养技术技能型人才时，应重视培养学生的个性，为不同的职业领域提供专业认可，让每个人都能找到适合自己的职业发展道路。

第六节　芬兰技术技能型人才经验借鉴

在芬兰，职业学校和普通高中的毕业生一样，通过考试既可进入职业技术大学，也可报考综合性大学。芬兰的职业教育以学生为中心，充分给予学生选择权，学生甚至可以跨专业选择课程，这样其毕业之后可以拥有更多的职业选项。

芬兰职业学校的教学必须基于真实职场需求，因此，企业会深度参与大纲制定、课程安排、教学活动等环节。从企业的角度来看，他们也拥有了更具胜任力的人才。

芬兰应用技术大学的招生对象主要为普通高级中等教育机构、高级中等职业教育机构及继续教育机构的毕业生。其招生考试制度为："普通高中和职业高中毕业生、通过高中会考者或有职业资格证书者，均可申请报考应用技术大学。各个科技大学在招生方面享有自主权，有各自的录取标准，自行安排入学考试。大学则依据或参考学生的学习考试成绩、工作经验和兴趣爱好进行录取"①。

一、基本情况②

（一）较为完善的成人教育体系

芬兰成人教育系统覆盖各级教育，包括基础和通识教育、职业教育、高等教育、成人自由教育以及职员培训，类别有学历教育与非学历教育。这与我国的相关体制有很大不同。芬兰的职业教育为成年人提供了各类各样的培训机会，包括提供资格证书的教育和不提供资格证书的教育。而继续职业教育可以获得的资格认证多达 56 种。

（二）相对完善的管理体系

芬兰继续教育有着相对完善的管理体系：教育与文化部为主，各个部门协调配合，共同负责继续教育的管理工作。教育与文化部由多个部门组成，其中，普通高中教育及职业教育和培训部负责成人普通教育和职业教育；高等教育和科学政策部负责成人高等教育；综合学校教育部和自由成人教育部负责成人自由教育；经济安全与就业部的职责包括职业劳动力市场培训（不提供资格证书）和融合培训。

（三）相对完善的资助体系

芬兰继续教育有着相对完善的资助体系：政府为主，多方参与。政府通过制定政策、提供资金等方式，促进继续教育的普及和发展。政府的主导作用保障了继续教育的整体规划和协调。企业可以提供培训和学习机会，学校提供专业教育资源，工会协助组织培训活动。这种多方参与的合作模式使得继续教育更加贴近实际需求，也分担了政府的压力。

（四）重视技能需求的预测

2017 年以来，芬兰新的国家技能预期论坛成为劳动力市场需求预测的

① 驻外使馆教育处课题组. 欧洲应用技术大学调研报告 [R]. 北京：教育部发展规划司编印，2013.

② 方旭，钱小龙. 芬兰继续教育的特色及对我国继续教育的启示 [J]. 成人教育，2021，41 (11)：73-79.

专家机构，并对特定部门的预测小组进行协调。九个预测小组负责预测其特定部门的能力和技能需求，制定改进教育和培训的建议，并进行进一步的研究。

二、对我国继续教育发展的启示[①]

（1）我国也面临着同样的变化，有必要进一步完善继续教育系统。

（2）进一步完善我国继续教育管理体系。

（3）构建更为完善的继续教育资助体系。

（4）基于市场需求设计和实施继续教育项目。

（5）对继续教育的课程加以优化，使其更加符合当代社会的发展需要。

---

① 方旭，钱小龙. 芬兰继续教育的特色及对我国继续教育的启示 [J]. 成人教育，2021，41 （11）：73-79.

第六章　技术技能型人才与职业认同

技术技能型人才是我国人才队伍的重要组成部分，更是支撑中国制造和中国创造的重要力量。技术技能型人才的职业认同是指个体对自己在特定技术领域或职业中的身份、角色和归属感的认知和情感。简单来说，职业认同是个体对自己所从事职业的认同感和情感联系。本章通过实证研究，以技师学校、中职、高职的在校生、毕业生近千个样本为例，以职业核心素养培养及需求为研究出发点，探究技术技能型学生的职业认同感。

第一节　研究背景

技术技能型人才的职业认同研究包括职业结构转型、社会价值观变化、培养效果提升以及人才流失等方面。深入探究技术技能型人才的认同情况，有助于指导政策制定、教育培训和产业发展，促进技术技能型人才队伍的建设与发展。

一、推动职业结构转型

随着社会经济的发展和产业结构的转型，技术技能型人才的需求正发生深刻变化。新兴技术的迅速崛起，如人工智能、物联网等，正在影响各个行业的运作方式和职业需求。在这种背景下，了解技术技能型人才对不同职业的认同情况，有助于调整职业培养方向，更好地满足市场的需求。

二、掌握职业崇尚度与社会价值观变化

职业崇尚程度与社会价值观有关。有些技术技能职业可能受到社会认可度不高的影响，导致年轻人对这些职业的认同度较低。因此，了解技术技能型人才对不同职业的认同情况，可以帮助洞察社会对技术技能型人才的态度变化，从而推动相关职业的社会认可度提升。

三、提升技能人才培养效果

技术技能型人才的职业认同直接影响其职业发展和工作动力。若技能人才对自身所从事的职业充满认同感，他们将更有动力不断提升自己的技能，为产业的创新和发展做出贡献。因此，研究技术技能型人才的职业认同可以指导培养策略，创造更有成效的培训和发展环境。

四、了解职业满意度和人才流失问题

技术技能型人才的职业认同与其职业满意度紧密相关。如果人才在职业中缺乏认同感，可能导致工作不尽心、流于表面等问题，最终影响产业的稳定发展。同时，人才流失也会增加培养成本。通过了解技术技能型人才的职业认同，可以预防人才流失，提高职业满意度，确保人才稳定留在相关领域。

第二节　职业认同的研究设计

通过采用问卷调查的方式，深入了解当前技师学校、中职、高职的在校生和毕业生的职业认同情况，具有重要的研究意义。此方法旨在从更早的阶段培养技术技能型人才的职业认同感，为培养高素质、适应性强的技术技能型人才提供有益的指导和策略。

首先，通过问卷调查可以深入了解技师学校、中职、高职学生在职业

认同方面的观念和态度。了解他们对于自身职业发展的预期、目标以及对不同职业的看法，有助于把握他们的职业发展动向和趋势，为职业教育的精准定位提供依据。

其次，了解毕业生的职业认同情况，可以反映出培养单位对于技术技能型人才培养的成果。通过掌握毕业生在就业市场中的表现和职业满意度，可以评估培养模式的有效性，发现存在的问题并加以改进，以更好地满足社会对于技术技能型人才的需求。

最后，早期树立技术技能型人才的职业认同感对于个体发展也具有积极作用。通过调查了解学生对于技术技能职业的认同情况，可以帮助他们更早地明确职业方向，为未来的职业规划和发展提供指引。这有助于学生更加有针对性地选择课程、培训，提前积累相关技能，增强自信心，从而更好地适应职场挑战。

总体来说，采用问卷调查的方法了解技师学校、中职、高职学生的职业认同情况，能够为职业教育提供宝贵的信息和数据支持，有助于早期树立技术技能型人才的职业认同感，进而促进技术技能型人才的培养与发展。这对于推动我国技术技能型人才队伍的建设，提高技术技能型人才的素质和竞争力，具有深远的研究意义和实践价值。

一、数据收集

此次数据收集主要以"技术技能型学生专业及职业核心素养"访谈提纲为主要研究工具，以技术技能型相关企业对技能人才的职业核心素养培养及需求为研究出发点，在访谈过程中让访谈对象描述其对技术技能专业、技术技能职业、企业环境等方面的要求，旨在提取技术技能型学生的职业认同感。本研究对所有访谈进行了录音整理，并将录音资料转录为文本。此次调查共收集问卷 1 752 份，其中男生占比 52.2%，女生占比 47.8%，而户籍地在城市的被调查者占比 16.2%，农村户籍占比 75.6%，城乡接合部占比 8.3%，可见问卷技师学校、中职、高职的在校生、毕业生中有很大部分来自农村。

二、数据分析

问卷设置了共 49 个问题，问题主要涉及被调查者对所学专业有关职业、个人未来职业的描述。本研究通过对所收集的数据做描述性分析发现，在对所学专业的描述板块，有 71.6% 的人是自主选择所学专业，说明大部分的学生拥有较自由的专业选择权。从被调查者对所学专业的认知来看，44.8% 的被调查者不太了解所学专业的就业状况，41.4% 的被调查者对自己的专业价值比较模糊，41.1% 的被调查者对所学专业不具有明确的热爱，有 35.7% 的被调查者不太确定自己会从事与所学专业对口的职业，大约 39.1% 的被调查者对专业发展不太有信心，并且有大约 36.7% 的被调查者认为所学专业并不具有较高的社会认可度。从老师及家长对技术技能专业的认知来看，37.6% 的老师不太确定技术技能专业有很好的发展前景，35.5% 的父母也对技术技能专业的发展持有模糊的发展肯定。表 6-1 及表 6-2 分别为学生个体及其周边人对技术技能专业的认同度分析状况。受访者中大约有 38.3% 的学生个人对技术技能专业持消极或中立态度，34.5% 的周边人对技术技能专业持消极或中立态度，这表明技术技能专业的社会认可度及学生对技术技能专业的认同感还有待提升。

表 6-1　个人对技术技能专业的认同度

		次数/次	百分比/%	有效的百分比/%	累计百分比/%
	1.00	28	1.6	1.6	1.6
	1.13	4	0.2	0.2	1.8
	1.25	2	0.1	0.1	1.9
	1.38	10	0.6	0.6	2.5
有效	1.50	6	0.3	0.3	2.9
	1.63	5	0.3	0.3	3.1
	1.75	8	0.5	0.5	3.6
	1.88	11	0.6	0.6	4.2
	2.00	43	2.5	2.5	6.7

表6-1(续)

	次数/次	百分比/%	有效的百分比/%	累计百分比/%
2.13	20	1.1	1.1	7.8
2.25	14	0.8	0.8	8.6
2.38	32	1.8	1.8	10.5
2.50	28	1.6	1.6	12.1
2.63	40	2.3	2.3	14.3
2.75	50	2.9	2.9	17.2
2.88	47	2.7	2.7	19.9
3.00	323	18.4	18.4	38.3
3.13	91	5.2	5.2	43.5
3.25	67	3.8	3.8	47.3
3.38	84	4.8	4.8	52.1
3.50	61	3.5	3.5	55.6
3.63	73	4.2	4.2	59.8
3.75	63	3.6	3.6	63.4
3.88	56	3.2	3.2	66.6
4.00	189	10.8	10.8	77.4
4.13	47	2.7	2.7	80.1
4.25	45	2.6	2.6	82.6
4.38	32	1.8	1.8	84.5
4.50	23	1.3	1.3	85.8
4.63	38	2.2	2.2	87.9
4.75	17	1.0	1.0	88.9
4.88	17	1.0	1.0	89.9
5.00	177	10.1	10.1	100.0
总计	1 751	99.9	100.0	

表 6-2　周边人对技术技能专业的认同度

		次数/次	百分比/%	有效的百分比/%	累计百分比/%
	1.00	30	1.7	1.7	1.7
	1.20	6	0.3	0.3	2.1
	1.40	5	0.3	0.3	2.3
	1.60	6	0.3	0.3	2.7
	1.80	9	0.5	0.5	3.2
	2.00	45	2.6	2.6	5.8
	2.20	22	1.3	1.3	7.0
	2.40	33	1.9	1.9	8.9
	2.60	36	2.1	2.1	11.0
	2.80	51	2.9	2.9	13.9
有效	3.00	361	20.6	20.6	34.5
	3.20	96	5.5	5.5	40.0
	3.40	114	6.5	6.5	46.5
	3.60	88	5.0	5.0	51.5
	3.80	124	7.1	7.1	58.6
	4.00	245	14.0	14.0	72.6
	4.20	72	4.1	4.1	76.7
	4.40	77	4.4	4.4	81.1
	4.60	57	3.3	3.3	84.4
	4.80	57	3.3	3.3	87.6
	5.00	217	12.4	12.4	100.0
	总计	1 751	99.9	100.0	

在技术技能型学生对所学专业有关职业的描述方面，通过分析数据可以发现，大部分被调查者对所学专业的相关职业不具有较强认同感，如在"我期待以后能从事与所学专业相关的职业"一题中，有 39.5% 的被调查者表现出不确定的态度；在"如果以后有机会更换工作，我也不会放弃所学专业有关的职业"一题中，有 41.6% 的人表示并不确定；39.2% 的被调

查者并不觉得自己以后会对所学专业的相关职业而感到自豪，49.4%的学生表示不太会优先选择与所学专业有关的职业，61.5%的学生表示不确定会终身从事相关技能职业，53.7%的被调查者认为从事与所学专业有关的职业不可以实现自己的人生价值等，这一结果表现出不少技师学校、中职、高职的在校生、毕业生学生对专业相关的职业不具有较强的职业认同感。从家长对技能职业的认知来看，许多家长及老师并没有明确表示会支持学生从事相关行业，如在"我的父母认为我未来从事与所学专业有关的职业很有意义"一题中49.7%的父母并未持肯定的态度，表明他们并没有意识到技能专业对社会发展的意义，对相关职业不具有较高的职业认同感；在"我的父母希望我未来从事与所学专业有关的职业"一题中，48.1%的父母表示不太希望学生从事与技能相关的职业，表明他们并不赞成自己的孩子从事技术技能型的工作；从老师对相关技能职业的认知来看，在"我的老师认为我未来从事与所学专业有关的职业很有意义"一题中，48.1%的学生表示他们的老师没有明确认同这一观点，在"我的老师希望我未来从事与所学专业有关的职业"一题中，41.4%的老师也表现出不太确定的态度，有50.5%的被调查者表明他们的老师不太认为技术技能相关职业可以实现其人生价值。这表明学生、老师及其父母对技术技能相关职业的认同感都还有待提升。具体见表6-3和表6-4。

表6-3　个人对技术技能相关职业的认同度

		次数/次	百分比/%	有效的百分比/%	累计百分比/%
有效	1.00	39	2.2	2.2	2.2
	1.08	1	0.1	0.1	2.3
	1.17	1	0.1	0.1	2.3
	1.25	3	0.2	0.2	2.5
	1.33	2	0.1	0.1	2.6
	1.42	4	0.2	0.2	2.9
	1.50	4	0.2	0.2	3.1
	1.58	3	0.2	0.2	3.3

表6-3(续)

	次数/次	百分比/%	有效的百分比/%	累计百分比/%
1.67	2	0.1	0.1	3.4
1.75	6	0.3	0.3	3.7
1.83	2	0.1	0.1	3.8
1.92	9	0.5	0.5	4.3
2.00	54	3.1	3.1	7.4
2.08	7	0.4	0.4	7.8
2.17	12	0.7	0.7	8.5
2.25	11	0.6	0.6	9.1
2.33	14	0.8	0.8	9.9
2.42	18	1.0	1.0	11.0
2.50	9	0.5	0.5	11.5
2.58	13	0.7	0.7	12.2
2.67	14	0.8	0.8	13.0
2.75	21	1.2	1.2	14.2
2.83	26	1.5	1.5	15.7
2.92	50	2.9	2.9	18.6
3.00	395	22.5	22.6	41.1
3.08	45	2.6	2.6	43.7
3.17	43	2.5	2.5	46.1
3.25	29	1.7	1.7	47.8
3.33	26	1.5	1.5	49.3
3.42	35	2.0	2.0	51.3
3.50	31	1.8	1.8	53.1
3.58	31	1.8	1.8	54.8
3.67	42	2.4	2.4	57.2
3.75	41	2.3	2.3	59.6
3.83	43	2.5	2.5	62.0
3.92	60	3.4	3.4	65.4
4.00	184	10.5	10.5	76.0
4.08	26	1.5	1.5	77.4

表6-3(续)

		次数/次	百分比/%	有效的百分比/%	累计百分比/%
	4.17	23	1.3	1.3	78.8
	4.25	19	1.1	1.1	79.8
	4.33	20	1.1	1.1	81.0
	4.42	28	1.6	1.6	82.6
	4.50	15	0.9	0.9	83.4
	4.58	18	1.0	1.0	84.5
	4.67	21	1.2	1.2	85.7
	4.75	18	1.0	1.0	86.7
	4.83	22	1.3	1.3	87.9
	4.92	23	1.3	1.3	89.3
	5.00	188	10.7	10.7	100.0
	总计	1 751	99.9	100.0	

表6-4 周边人对技术技能专业的职业认同度

		次数/次	百分比/%	有效的百分比/%	累计百分比/%
	1.00	36	2.1	2.1	2.1
	1.17	2	0.1	0.1	2.2
	1.33	4	0.2	0.2	2.4
	1.50	6	0.3	0.3	2.7
	1.67	2	0.1	0.1	2.9
	1.83	6	0.3	0.3	3.2
有效	2.00	61	3.5	3.5	6.7
	2.17	10	0.6	0.6	7.3
	2.33	14	0.8	0.8	8.1
	2.50	30	1.7	1.7	9.8
	2.67	29	1.7	1.7	11.4
	2.83	42	2.4	2.4	13.8
	3.00	479	27.3	27.4	41.2

表6-4(续)

	次数/次	百分比/%	有效的百分比/%	累计百分比/%
3.17	65	3.7	3.7	44.9
3.33	50	2.9	2.9	47.7
3.50	60	3.4	3.4	51.2
3.67	69	3.9	3.9	55.1
3.83	66	3.8	3.8	58.9
4.00	290	16.6	16.6	75.4
4.17	47	2.7	2.7	78.1
4.33	41	2.3	2.3	80.5
4.50	23	1.3	1.3	81.8
4.67	38	2.2	2.2	84.0
4.83	33	1.9	1.9	85.8
5.00	248	14.2	14.2	100.0
总计	1 751	99.9	100.0	

在技术技能专业学生的职业规划方面，通过数据分析可以发现，58.3%的被调查者表示自己目前没有清晰的职业生涯规划，57%的被调查者表示自己没有明确的就业目标，对未来的就业方向感到迷茫，但在"我对未来的工资有明确的期望"一题中，超过一半的被调查持有肯定的态度，说明技术技能专业学生对未来职业薪资在一定程度上是有明确的期望的。而在未来择业选择方面，60.5%的被调查者表示在择业时会很容易受到周围人们看法的影响。因此，提升社会对技术技能型人才及相关职业的认同度，营造技能友好型社会对于实现技能强国具有重要意义。

在技术技能型学生对未来从事工作的期待方面，通过数据分析可以发现，在"我希望未来从事的企业可以提供培训机会"一题中，超过一半的被调查者表示赞同；在"同等的薪酬水平下，我在择业时会更加注重我在公司中的发展机会"一题中，57%的被调查者表示赞同；在"我认为好的工作氛围对我的工作有积极正向影响"一题中，58%的技术技能型学生持有肯定态度。与此同时,56%的被调查者表示自己会比较在意公司的后勤保障水平,也有56%的学生表明希望未来工作的公司能有畅通的沟通渠道,使重要信息在公司能够自由传递;在"我希望未来从事的公司能有规范化的管理制度"一题中,有58%的被调查者表示赞同。由此可见,企业提供的培训机会、发展机会、工作氛围、后勤保障、沟通渠道、管理制度等是影响技术技能型学生择业的重要因素。

"十四五"时期,技术进步和产业转型升级步伐将进一步加快,这对劳动者的技能素质提出了更高要求,高质量劳动力短缺的结构性矛盾可能更加尖锐。这一现象可能与技能人才职业认同培养与发展仍面临体制障碍、发展受限、认同缺失等相关,政府、社会、企业、学校、家庭等对技能人才职业认同的提升还没有形成强大的合力。我们要重视提升技术技能型学生的专业及职业认同感,引导广大劳动者特别是青年一代走技能成才、技能报国之路,并出台配套政策措施,构建行业企业、院校、社会力量共同参与的技能人才工作新格局显得非常重要。

第三节　研究结论与启示

随着社会的发展、科技的进步,技能人才在各个岗位上的作用越来越重要,许多技术成果最终需要技能人才去实现。特别是步入信息时代,大力发展信息技术、人工智能,更需要大量高技能人才做支撑。而培养合格的技能人才,教育堪当重任,并且大有可为。

一、技术技能型学生分布情况

在1 752份总样本中,在对性别的统计中,男性占比52.2%,女性占比47.8%;在对年龄的统计中,15~20岁的被调查者占比最多,年龄30岁以上的被调查数量较少。在对户籍(农村、城镇、城乡接合部)的统计中,农村户籍占比75.5%,城镇户籍占比16.2%,城乡接合部占比8.3%;在对被调查者所属民族的统计中,汉族占被调查的比例超过一大半,少数民族占比较少，汉族占比 98.1%，少数民族占比 1.9%。具体见表 6-5、表 6-6、表 6-7、表 6-8。

表 6-5　性别变量的描述性分析

		次数/次	百分比/%	有效的百分比/%	累计百分比/%
有效	1	914	52.2	52.2	52.2
	2	837	47.8	47.8	100.0
	总计	1 751	99.9	100.0	
遗漏	总计	1	0.1		
总计		1 752	100.0		

表 6-6　年龄变量的描述性分析

		次数/次	百分比/%	有效的百分比/%	累计百分比/%
有效	3	1	0.1	0.1	0.1
	12	1	0.1	0.1	0.1
	14	1	0.1	0.1	0.2
	15	144	8.2	8.2	8.4
	16	525	30.0	30.0	38.4
	17	420	24.0	24.0	62.4
	18	302	17.2	17.2	79.6
	19	160	9.1	9.1	88.7
	20	145	8.3	8.3	97.0
	21	37	2.1	2.1	99.1
	22	6	0.3	0.3	99.5
	24	1	0.1	0.1	99.5
	29	1	0.1	0.1	99.6
	38	1	0.1	0.1	99.7
	50	1	0.1	0.1	99.7
	63	1	0.1	0.1	99.8
	88	1	0.1	0.1	99.8

表 6-7　户籍变量的描述性分析

		次数/次	百分比/%	有效的百分比/%	累计百分比/%
有效	1	283	16.2	16.2	16.2
	2	1 323	75.5	75.6	91.7
	3	145	8.3	8.3	100.0
	总计	1 751	99.9	100.0	
遗漏	总计	1	0.1		
总计		1 752	100.0		

表 6-8　民族变量的描述性分析

		次数/次	百分比/%	有效的百分比/%	累计百分比/%
有效	0	33	1.9	1.9	1.9
	1	1 719	98.1	98.1	100.0
	总计	1 752	100.0	100.0	

二、技术技能型学生职业认同影响因素分析

在影响技术技能型学生专业认同度层面，朋友、老师、父母对技术技能职业认同度的提高有利于提升技术技能型学生的职业认同感。通过对所得数据做回归分析发现，老师、父母对被调查者专业、职业的认同度会影响到技能专业同学对技能相关职业的认同感，并表现出正向关系，即朋友、老师、父母对其职业认同度的提高有利于提升其对技能相关职业的自我认同感。通过调查发现 45.4%技能专业同学的朋友、老师、父母对其专业认可度较低，这会对学生专业信心、职业信心造成负面的影响，不利于培养综合型高级技能人才。具体见表 6-9。从父母、老师对技能专业的认知对学生的专业认同感来看，其均在 1%的显著性水平上相关。并呈正相关关系，即提升父母、老师对技能专业的认同度，有利于提升技能专业学生的专业认同感。

表 6-9　技术技能型学生专业认同度的影响因素分析

因变量	自变量	B	标准误	Beta	T	显著性
我很喜欢我所学的专业	我的老师认为我所学的专业是有价值的	0.370	0.032	0.338	11.481	0.000
	我父母认为我所学的专业是有价值的	0.389	0.032	0.364	12.353	0.000

　　在影响技术技能型学生职业认同度层面，父母对技术技能相关职业认同度的提高有利于提升技术技能型学生的职业认同感。通过对相关数据进行回归分析发现，老师、父母对技术技能型学生相关职业的认同程度会对技能专业同学的职业认同感具有显著影响，并表现出正向关系，即朋友、老师、父母对技术技能相关职业认同度的提高有利于提升学生对技术技能相关职业的认同感，扩大技术技能岗位的就业占比。通过调查发现48.1%的父母表示不太希望学生从事与技术技能相关的职业、41.4%的老师也呈现出不太明确的态度，这会对学生的技术技能职业信心产生负面的影响，不利于培养高质量技术技能型人才。具体见表6-9。从父母对技术技能职业的认知与技术技能专业学生的职业认同感之间的关系来看，"我的父母认为我未来从事与所学专业有关的职业很有意义""我的父母希望我未来从事与所学专业有关的职业""我的父母认为从事所学专业有关的职业可以实现我的人生价值"三个问题均在1%的显著性水平，与技术技能型学生在职业认同选择上呈正相关关系，即提升父母对相关技术技能职业的认同度，有利于提升技术技能专业学生的专业认同感，进一步增加学生对相关技术技能职业的就业选择。

　　在影响技术技能型学生的职业认同层面，老师对技术技能相关职业认同度的提高在一定程度上有利于提升技术技能型学生的职业认同感。通过对相关数据进行回归分析可以发现，问卷中"我的老师认为我未来从事与所学专业有关的职业很有意义"体现出的老师对技术技能专业的认知与技术技能型学生职业认同度间具有显著相关性，具体分析结果见表6-10。可见，老师对相关技术技能职业意义的认知在1%的显著性水平上影响着学生的职业认同感，即提升老师对技术技能专业意义的认可度有利于提升学生对技术技能相关职业的认同感。但问卷中"我的老师认为从事与所学专业有关的职业可以实现我的人生价值"所体现出的老师的观念与技术技能型学生职业认同度间不具有显著相关性，可能是由样本的局限性及数据偏误问题所导致的。

表6-10　技术技能型学生职业认同度的影响因素分析

因变量	自变量	B	标准误	Beta	T	显著性
我愿意从事与所学专业相关的职业	我的父母认为我未来从事与所学专业有关的职业很有意义	0.133	0.032	0.129	4.183	0.000
	我的父母希望我未来从事与所学专业有关的职业	0.249	0.034	0.242	7.243	0.000
	我的父母认为从事所学专业有关的职业可以实现我的人生价值	0.122	0.036	0.120	3.423	0.001
	我的老师认为从事与所学专业有关的职业可以实现我的人生价值	0.053	0.043	0.050	1.230	0.219
	我的老师认为我未来从事与所学专业有关的职业很有意义	0.133	0.032	0.129	4.183	0.000

在企业设施管理等对技术技能型学生职业认同影响层面，较好的企业发展平台、较全的企业配套措施，在一定程度上有利于提升技术技能型学生对未来职业的认同感。通过对相关数据进行回归分析可以发现，若是企业能提供较好的培训、发展机会，配套较高的后勤保障服务水平，并且有畅通的沟通渠道及规范化的管理制度，则有利于提升技术技能型学生对相关工作单位产生强烈的职业认同感。具体分析结果见表6-11。问卷中"我希望未来入职的企业可以提供培训机会""在同等的薪酬水平下，我在择业时会更加注重我在公司中的发展机会""我会很在意公司的后勤保障""我希望未来入职的公司能有畅通的沟通渠道，使重要的信息在公司能够自由传递""我希望未来入职的公司能有规范化的管理制度"五个问题与

技术技能型学生的职业认同感紧密联系，均在 1% 的显著性水平上影响着学生对技术技能相关职业的认同感，并且呈现的是正向关系，即企业发展机会的增多、后勤保障水平的提升、沟通渠道的更加畅通等有利于提升技术技能型学生的职业认同感。

表 6-11　企业因素对技术技能型学生职业认同的影响

因变量	自变量	B	标准误	Beta	T	显著性
我认为我很容易对单位产生强烈的认同感	我希望未来入职的企业可以提供培训机会	0.161	0.029	0.162	5.553	0.000
	在同等的薪酬水平下，我在择业时会更加注重我在公司中的发展机会	0.104	0.033	0.105	3.160	0.002
	我会很在意公司的后勤保障	0.093	0.028	0.091	3.365	0.001
	我希望未来入职的公司能有畅通的沟通渠道，使重要的信息在公司能够自由传递	0.315	0.032	0.316	9.829	0.000
	我希望未来入职的公司能有规范化的管理制度	0.191	0.034	0.192	5.666	0.000

从整体来看，影响技术技能型人才职业认同感的因素，可以概括为两部分原因，即周边环境对技术技能专业及职业的观念、个体自身对技术技能专业及职业的认识。具体情况见表 6-12。通过对相关数据进行回归分析，可以发现，周边人对技术技能的专业和职业的认同会影响技术技能型人才的职业认同感，并且呈正向关系，即周边人对技术技能专业及职业认同感的提升有利于提升技术技能型人才的职业认同感；学生对个人专业认同与对专业对应职业的认同度的提高，也有利于促进其职业认同感的提升。因此，要提升技术技能型人才的职业认同感，就要从其所在环境、个人观念两方面去思考对策措施。

表 6-12　整体分析

因变量	自变量	B	标准误	Beta	T	显著性
职业认同总分	个人的专业认同	9.846	0.481	0.212	20.453	0.000
	周边人对专业的认同度	6.429	0.457	0.139	14.076	0.000
	个人对专业对应的职业的认同度	18.076	0.620	0.403	29.139	0.000
	周边人对专业对应的职业的认同度	12.310	0.576	0.273	21.375	0.000

三、提升技术技能型学生职业认同发展的引导策略

构建以国内大循环为主体、国内国际双循环相互促进的新发展格局，亟须推进技术技能职业教育高质量发展。职业院校应围绕技术技能型人才核心要素，全面提升技术技能型人才培养质量。探寻技术技能型人才培养的有效实践方式，必须置身于技能型社会建设的宏大环境之中。

职业教育要从重视能力、推进管理、校企合作三个维度进行系统规划：以提质培优为主线，打造人才技能提升新通路；以激励机制为依托，激发技能人才发展活力；以双向交流为关键，增强校企协同育人的内生动力。

（一）提供更多的专业选择空间，促进学生主动建构职业认同

现代精英教育所期待的学习动力应当源于学生自身。从发现自己的兴趣、天赋、心之所向，到认识学科专业领域和社会需求的发展趋势[①]，这一循序渐进的志趣养成过程，实质上也是个体建构职业认同的过程。当前，我国很大部分大学生对即将从事的职业认同程度较低，原因之一在于，学生并非从自己的兴趣、价值观及自我实现的角度选择其所学专业，这势必会导致学生无法实现所学专业与自身的统一，从而影响其职业认同的建构。我们可以通过构建类型化、特色化的现代职业教育体系来实现学生专业选择的多样化、高质量发展。一方面，职业教育的专业要瞄准产业转型升级的需求，根据需求精准化地进行人才培养。宏观上，职业教育要

---

① 陆一，史静寰. 志趣：大学拔尖创新人才培养的基础 [J]. 教育研究，2014 (3)：48-54.

通过物联网、区块链、AI 等信息化技术构建人才需求预警系统，结合产业发展的现实需求，确定人才发展定位，有针对性地培育不同人群的不同技能。微观上，职业院校要办好"类型教育"和"特色教育"，认清自身优势，教学不能仅限于基本技能和专业技能等"硬技能"的培养，还要涉及"核心技能""专门技能""特殊技能"这样的"软素养"，满足技术技能型人才多样化、全方位发展的诉求。另一方面，职业教育要着力培育"面向未来"的技术技能型人才。经济社会的发展瞬息万变，技能型社会的发展使得工作岗位充满各式各样的潜在挑战，以"标准"为导向的育人方式不再适用于技能型社会，职业院校应给学生埋下"终身学习"与"技能迁移"的理想信念，让他们将自身的技能优势与技能型社会建设相融合，让学生从接受职业教育起就树立起"技能报国"的伟大理想信念。

（二）协助构建职业发展网络，为其专业、职业适应提供支持

职业认同发展是一个自我与职业相互调节和均衡的相互影响的过程，大学生在职业认同发展的过程中出现不适与质疑是很难避免的。大学时期是个体成长的重要阶段，大学经历会对学生既有的职业认知产生显著的影响，学生经过专业学习和训练会强化其对某一职业的认同，但也可能会因为学习过程中遇到的困惑和压力产生职业认同迷茫的状态。为了舒缓学生在职业认同发展进程中的不适，相关职业高校应努力帮助学生建立起一个"职业发展网络"，为其职业认同的发展提供支持。职业发展网络是社交人际网络的一个子集合，这一概念由波士顿大学商学院的教授于 2009 年首次提出。该人际网络由个体在职业生涯发展过中的支持者共同构成，这些支持者可以是老师、上司，也可以是同学、朋友，甚至是家人等，这些人一起编织起了一张强有力的支持网，对个体职业发展具有较强的启发或帮助①。技术技能型学生若能建构起一个多元化的、稳定性强的职业发展网络，则该网络能在其职业认同发展遇到困惑、质疑和挑战时，为其提供启迪和力量，为其职业认同的发展提供保护。

---

① KRAM K E, HIGGINS M C. A new mind set on mentoring: creating developmental networks at work [J]. MIT Sloan Management Review, 2009 (15): 1-7.

（三）注重专业主义精神的培养，强化学生的职业归属感

每一个行业都需要个体发展自身的职业认同，从而提升个体对于即将从事的职业的归属感。研究型大学所培养的拔尖创新人才，需要时时保有对学术的敬畏态度，树立探究科学和追求真理的决心与信心；应用型大学所培养的技术技能型人才，则需要将求真务实的"匠人精神"作为价值引领，坚定服务于日常生活生产一线的恒心与毅力。各大高校应注重对学生专业认同的教育，帮助学生理解职业的性质和义务，并内化职业的价值体系，促进学生形成良好的职业素养，强化学生的职业认同，帮助其在未来成为高素质的职业工作者[①]。高校对学生进行认同教育，有利于学生形成正确的职业价值观、职业道德、职业责任感与职业归属感。

（四）有效衔接人才与产业需求，促进人才与岗位的精准匹配

专业是衔接职业教育与社会人才需求的桥梁和纽带。一是职业院校要在明确产业背景和服务领域的基础上，依据区域经济发展需求，顺应国家重大战略对人才结构和素质需求的变化，准确定位专业人才培养目标，明确人才培养规格，高效管理技术技能型人才，这样才能使学生有效积累专业知识和锻炼专业技能。二是要坚持面向市场、促进就业、服务发展，优化专业发展调研机制、专业动态调整机制、毕业生跟踪反馈机制，使学生的专业能力与市场需求相匹配。三是要紧密对接新版专业目录，以目录为引领，推进职业教育供给侧结构性改革，使所设专业对接新技术岗位、对接新职业岗位、对接新业态岗位。促进人才培养侧与产业需求侧结构要素全方位融合，为我国技能开发和人力资本提升注入新活力，努力把我国建设成为现代化的技能强国[②]。

（五）促进校企合作，培养学生的岗位应变能力

高素质技术技能型人才队伍的建设对构建技能型社会起着关键性作用。步入"十四五"时期，我们要站在"产业链—教育链—人才链"三链

---

① CRUESS R L, CRUESS S R, BOUDREAU J D, et al. Reframing medical education to support professional identity formation [J]. Academic Medicine, 2014, 89 (11)：1446-1451.

② 刘英霞. 技能型社会背景下技术技能人才要素模型与培养路径 [J]. 教育与职业，2022 (10)：62-65.

融合角度，重点设计高素质技术技能型人才的培养工作。长期以来，我国职业教育以政府举办为主。但随着国家经济结构的调整，职业教育的跨界属性决定了职业教育必须走多样化办学道路，走产教深度融合、构建校企命运共同体的发展之路。一是职业院校要通过校企合作，通过共建专业、产业学院、实训基地等形式，培养区域经济发展迫切需要的高素质技术技能型人才。二是职业院校要推动"岗位+课堂+比赛"综合育人体系。推行证书制度，展现职业教育分类特征，增强职业教育适应性的重要制度设计，推动工作岗位、课程、技能大赛和职业技能等级证书的深度融合，促使学习者获得更多知识，促进学生技能习得，并提高学生的岗位适应能力。三是职业院校要以需求为导向，坚持支持在产业、依托在企业、动力在市场，将优质专业和产业转型升级迫切需要的专业升级为本科层次的专业，促进学生理论知识和实践技能的融合，培养更多高质量技术技能型人才。

（六）打破"学历至上"导向，助力技能型社会经济发展

中国经济发展面临着"技能短缺"和"技能失衡"的双重压力，这已成为制约中国经济社会发展的关键问题。因此，我国应从倡导技能教育与普通高等教育平等和消除"技能偏见"两个方面入手。从宏观上看，中国需要将人才培养的重点放在经济发展规律上，在教育与经济之间形成合理、可信、可行的"学习成果"体系；要通过立法打通技术人才的成长、发展和提升渠道，形成职业教育与通识教育的有效衔接与交流。这一制度机制的建立是一项巨大的工程，需要通过政府、企业、学校、机构、高职院校教师等利益相关者的共同努力来推进。我们只有构建起"面向全社会、全产业链、全生命周期"的技能型社会教育体系，才能形成公平透明的技能评价体系，为培养高素质技术人才创造良好的环境。从微观上看，我们要打破"学历第一""知识至上"的认知偏见①，打破"职业学校毕业生不如普通大学毕业生"的"刻板印象"，中立客观地评价技能人才的价值。

---

① 陆宇正，汤霓.技能型社会视域下高素质技术技能人才培养的困境与路径［J］.教育与职业，2022（9）：21-27.

第七章 技术技能型人才与职业发展

技术技能型人才的职业发展是指个体在其从事的技术领域或职业中，通过学习、经验积累和不断提升技能，实现个人和职业目标的过程。本章通过实证研究方法对技术技能型人才的职业发展进行讨论，此次调查研究共收集 400 份有效问卷。从职业发展满意度、工作环境不确定性、工作满意、职业能力可雇佣性、外部支持、职业认同等六大方面进行系统的调查研究，提出优化技术技能型人才职业发展的对策建议。

第一节 研究背景

一、优化技术技能型人才职业发展是建设"制造强国"的必由之路

制造业是立国之本、兴国之器、强国之基。党的十九大报告明确指出，要加快我国迈向制造强国的步伐，促进我国制造业向全球价值链的中端、高端不断攀升。中国由"制造大国"向"制造强国"迈进的道路上，技术技能型人才是有力支撑。技术技能型人才是支撑中国制造、提升出口质量的重要基础，如何应对技能人才结构性缺乏带来的挑战成为我国"十四五"规划的重中之重。在中国数字化、智能化加速转型升级的背景下，技术人才在数量、能力上的"适配性"压力愈发加重，技能人才结构性缺乏带来的挑战逐渐加剧。截至 2021 年年底，我国技能劳动者仅占就业人数

总量的 25% 左右，高技能人才占技能劳动者的比例仅为 30% 左右①。

二、优化技术技能型人才职业发展是推动经济高质量发展的关键环节

科学技术是第一生产力，操作技能也是重要生产力，而且是推动社会进步和经济发展的重要因素。从"互联网+"时代到"人工智能"时代，新技术涌现在全球新一轮产业变革的每个角落，技术技能型人才作为一种稀缺的人力资源，与经济社会发展水平的关系更加密切。而技术技能型人才作为人才队伍中的中坚力量，在推动产业转型升级、拉动国民经济增长方面起着至关重要的作用②。

2021 年 10 月，中共中央办公厅、国务院办公厅印发《关于推动现代职业教育高质量发展的意见》，明确提出"建设技能型社会，弘扬工匠精神，培养更多高素质技术技能型人才、能工巧匠、大国工匠，为全面建设社会主义现代化国家提供有力人才和技能支撑"的总体要求③。由此可见，我国重点提出了建设技术技能型社会的远景目标，希望通过健全支撑技术技能型人才培养与发展的制度安排，营造技能成才的良好社会氛围，优化技术技能型人才职业发展，强化高素质技术技能型人才队伍建设，以此提高全社会劳动生产率，实现经济高质量发展的新突破。

三、优化技术技能型人才职业发展是建设人才强国的重要举措

国家兴盛，人才为本。习近平总书记在党的十九大报告中指出："建设知识型、技能型、创新型劳动者大军"④。随着我国社会生产力的快速发展，无论是传统产业还是新兴产业，都需要一大批掌握先进生产技术、工艺的高技能人才。技术技能型人才是我国人才队伍的重要组成部分，在加快产业优化升级、提高企业竞争力、推动技术创新和科技成果转化等方面

---

① 资料见央视网新闻频道"国办：2021 年底技能劳动者占就业人员总量比例 25% 以上"。

② 陆宇正，汤霓. 技能型社会视域下高素质技术技能人才培养的困境与路径［J］. 教育与职业，2022（9）：21-27.

③ 资料见中共中央办公厅 国务院办公厅《关于推动现代职业教育高质量发展的意见》，发布时间：2021-10-12。

④ 资料见人民网"在全社会弘扬工匠精神"，发布时间：2021-10-11。

具有不可替代的重要作用。

自 2003 年 12 月中共中央下发《中共中央、国务院关于进一步加强人才工作的决定》以来，在中央政策的引领下，地方政府也在积极出台相应的技能人才激励政策，这期间共发布技能人才激励政策 4 650 项。2019 年 1 月，国务院印发了《国家职业教育改革实施方案》，指出"我国要着力培养高素质劳动者和技术技能型人才"①。2020 年 12 月，习近平总书记强调，各级党委和政府要高度重视技能人才工作，大力弘扬劳模精神、劳动精神、工匠精神，激励更多劳动者特别是青年一代走技能成才、技能报国之路，培养更多高技能人才和大国工匠，为全面建设社会主义现代化国家提供有力人才保障。2021 年 6 月，人社部印发了《"技能中国行动"实施方案的通知》②，提出要"以培养高技能人才、能工巧匠、大国工匠为先导，带动技能人才队伍梯次发展"③。

在新的时代背景下，加快建设技能型社会，形成国家重视技能、社会崇尚技能、人人学习技能、人人拥有技能的社会氛围，优化技术技能型人才职业发展，培养适应区域经济发展需要和满足产业转型升级需要的技术技能型人才，是实施制造强国战略、振兴实体经济的迫切需求④。

第二节　研究目的与意义

一、研究目的

本章在文献查阅、问卷调查、实地访谈的基础上，对所得数据内容进

---

① 资料见国务院《国家职业教育改革实施方案》（国发〔2019〕4 号），发布时间：2022-04-22。

② 资料见人力资源社会保障部关于印发"技能中国行动"实施方案的通知，发布时间：2021-06-30。

③ 余静，李梦卿. 技能型社会建设背景下技术技能人才培养研究［J］. 教育与职业，2022（9）：13-20.

④ 刘英霞. 技能型社会背景下技术技能人才要素模型与培养路径［J］. 教育与职业，2022（10）：62-65.

行统计分析与逻辑分析，对技术技能型人才的职业发展现状形成较为清晰的了解，分析归纳出技术技能型人才的职业发展问题，再结合理论知识以及各地优秀案例对技术技能型人才的职业发展优化提出可行的对策建议。

二、研究意义

（一）理论意义

职业发展研究能丰富技术技能型人才的理论研究。以往的研究表明，技术技能型人才研究主要集中于人才培养、队伍建设、内涵界定等方面，对技术技能型人才的职业发展的关注较为欠缺。另外，在职业发展方面，以往的研究大都集中于学生、教师、企业员工等群体，而对技术技能型人才的职业发展关注度较低。本章在国家大力推动技术技能型人才队伍建设的背景下，探索技术技能型人才职业发展存在的问题以及进一步的优化空间，同时为技术技能型人才队伍建设提供新思路与新的着力点，丰富技术技能型人才的理论研究。

（二）实践意义

职业发展研究有助于加强技术技能型人才队伍建设，为实现"制造强国"战略目标奠定坚实基础。我国经济社会高质量发展及"制造强国"战略的实施对技术技能型人才队伍的需求进一步增大，技术技能型人才必将呈现不断发展壮大态势。当前，技术技能型人才，特别是创新型高技能人才供不应求，甚至出现"有岗位没人才"的现象，严重制约了产业的升级发展[①]。人社部印发的《"技能中国行动"实施方案》显示，"十四五"时期，我国新增技能人才4 000万人以上，技能人才占就业人员比例达30%。加强技术技能型人才队伍建设，要重视职业发展优化，加强技术技能型人才职业技能培训力度及精神培养力度，大力培育具有执着专注、精益求精、一丝不苟、追求卓越的工匠精神和德技并修的技术技能型人才；以优质的职业发展体制为基础，增强人才的组织认同与职业认同，调动其工作积极性，提升其工作投入度，增强人才的满意度忠诚度，推动构建更加稳定的人才队伍。

---

① 渠慎涛. 让技能人才更有归属感幸福感获得感 [J]. 宁波通讯，2021 (21)：50.

三、研究思路

本章以技术技能型人才与职业发展的研究为理论基础，在此基础上通过问卷调查和实地访谈获得技术技能型人才职业发展数据与问题现状，对数据进行筛选分析，得出客观结论，并提出优化技术技能型人才职业发展的对策建议。具体研究思路如图7-1所示。

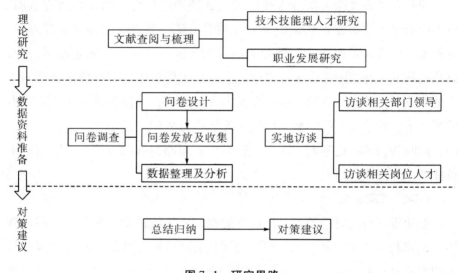

图 7-1　研究思路

第三节　研究方法与数据收集

一、研究方法

本章将通过文献法、访谈法、问卷调查法、统计分析法等方法进行研究。

（一）文献法

广泛收集整理技术技能型人才相关的文献资料，如期刊论文、报纸、名人名言等，为研究写作提供理论依据或数据依据，全面、准确地了解掌握技术技能型人才职业发展的研究问题，为后续研究奠定坚实的理论基础。

（二）访谈法

访谈法是通过访谈人员和受访人面对面地交谈来了解受访人的心理和行为的心理学基本研究方法。本章选取了四川省内2~3位技能型企业领导层，了解技术技能型人才职业发展现状及存在的问题。

（三）问卷调查法

问卷调查法是调查者运用统一设计的问卷向被选取的调查对象了解情况或征询意见的调查方法，以书面提出问题的方式搜集资料。本章使用Credamo见数平台在四川省内针对技术技能型人才发放400份调查问卷，获取四川省内技术技能型人才职业发展的相关数据。

（四）统计分析法

本章运用SPSSAU对问卷调查的结果数据进行回归分析，进一步明确各项指标之间的相关性及数理逻辑，深入开展技术技能型人才职业发展研究。

二、核心概念界定

（一）技术技能型人才

技能型人才是指掌握专门知识和技术，具备一定的操作技能，并在工作实践中能够运用自己的技术和能力进行实际操作的人员[1]。他们是我国人才队伍的组成部分，是技术人员队伍的骨干。技术型人才是指掌握和应用技术手段为社会谋取直接利益的人才，技术型人才与技能型人才一样，是处于一线岗位上的群体，但不同的是，技术型人才并不是实际的操作人员，而是从事组织管理生产、建设、服务等实践活动以及技术工作的人才，诸如工艺水平的设计，工艺流程的监控，生产工具的运行与维护等[2]。本章所指的技术技能型人才是技术型人才和技能型人才的中间型人才，是既能从事脑力劳动进行管理运作，又能从事体力劳动进行实际操作的"复合型"人才。

---

[1] 刘建明，王化旭. 高技能人才的内涵与培养途径研究 [J]. 职业教育研究，2011（1）：134-136.

[2] 郑晓梅. 应用型人才与技术型人才之辨析：兼谈我国高等职业教育的培养目标 [J]. 现代教育科学，2005（1）：10-12.

（二）职业发展

根据中国职业规划师协会的定义：职业发展是组织用来帮助员工获取目前及将来工作所需的技能、知识的一种规划。实际上，职业发展规划是组织对其人力资源进行的知识、能力和技术的发展性培训、教育等活动①。

从个人角度来看，职业发展包括个人岗位的晋升、工作环境的改善、培训机会的增加以及个人工作与家庭生活的平衡等。职业发展是个人为了实现职业发展规划目标，进行各种知识技能的培训，并不断根据现状制定新目标、追求新目标，从而实现个人提升的过程。

三、数据收集

本章以四川省内技术技能型人才为研究对象，在 Credamo 见数平台随机抽样收集问卷。为实现调查问卷的数据信息的客观性，问卷中不会涉及参与调查人员的姓名、单位名称等详细信息，并在问卷中明确说明，对所有问卷数据信息进行保密处理，仅用于研究使用。根据数据分析所需要的性别信息、婚姻状况、年龄分布、行龄工龄、工作职位、职业认同、工作环境等要素，我们在解释问卷含义和填写要求后，由平台发布问卷给对应的参与调查人员，最后再在平台上审核收齐问卷。本次调查共收集问卷490 份。随后我们对问卷进行了筛选，筛选原则为工作职位为技术技能型工作职位，最终回收有效问卷 400 份，调查问卷的有效回收率为 81.6%。

第四节　调查结果统计分析

一、基本情况分析

问卷第一部分主要针对问卷对象的基本情况进行调查。在回收的 400 份有效问卷中，参与调查的人员中男性有 151 位，女性有 249 位，年龄在 18~72 周岁不等，主要集中于 20~36 周岁人群，占比 86.5%，其中已婚人员占比 58.2%，未婚人员占比 41.7%。其中 48.25% 的受访者没有子女，

---

① 陆雄文. 管理学大辞典 [M]. 上海：上海辞书出版社，2013.

46.5%的受访者有 1 个子女，5.25%的受访者有 2 个及以上的子女。数据显示，学历分布上，高中及以下占比 4.7%，职业高中占比 3.5%，大学专科占比 13.7%，大学本科占比 65%，研究生占比 13%，与实际情况较为相符。所处单位性质上，国有企业占比 22%，民营企业占比 51.5%，事业单位占比 16%，外资企业占比 6.2%，政府机构占比 4.2%。在当前单位工作年限大都集中在 10 年以下，占比 93%，在当前行业工作年限 10 年以下的占比为 88.5%。具体数据如表 7-1 所示。

表 7-1 问卷对象基本情况

变量	类别	数量	占比
性别	男	151	37.75%
	女	249	62.25%
年龄	20 岁以下	7	1.75%
	20~36 岁	346	86.5%
	36 岁以上	47	11.75%
婚姻状况	已婚	233	58.25%
	未婚	167	41.75%
生育状况	0 个	193	48.25%
	1 个	186	46.5%
	2 个及以上	21	5.25%
学历分布	高中及以下	19	4.75%
	职业高中	14	3.5%
	大学专科	55	13.75%
	大学本科	260	65%
	研究生	52	13%
单位性质	国有企业	88	22%
	民营企业	206	51.5%
	事业单位	64	16%
	外资企业	25	6.25%
	政府机构	17	4.25%

表7-1(续)

变量	类别	数量	占比
司龄	3 年以下	175	43.75%
	3~10 年	197	49.25%
	10 年以上	28	7%
工龄	3 年以下	137	34.25%
	3~10 年	217	54.25%
	10 年以上	46	11.5%

二、要素分析

问卷第二部分主要针对技术技能型人才的职业发展要素进行调查，主要从技术技能型人才的职业发展满意度、工作环境不确定性、工作满意度、职业能力可雇佣性、职业认同等方面进行调查。

调查数据显示，技术技能型人才职业发展满意度平均得分为 3.62，工作环境不确定性平均得分为 2.84，工作满意度平均得分为 3.65，职业能力可雇佣性平均得分为 3.85，外部支持平均得分为 3.66，职业认同平均得分为 3.57。具体数据如表 7-2 所示。

表 7-2　要素平均分

要素	平均分
职业发展满意度	3.62
工作环境不确定性	2.84
工作满意度	3.65
职业能力可雇佣性	3.85
外部支持	3.66
职业认同	3.57

本次调查问卷共设置 7 项基础信息问题及 43 项量表题。量表题部分共包括六个维度：职业发展满意度共设置 8 道问题，工作环境不确定性共设

置 3 道问题，工作满意度共设置 9 道问题，职业能力可雇佣性共设置 9 道问题，外部支持共设置 5 道问题，职业认同共设置 9 道问题。具体问题设置如表 7-3 所示。

表 7-3　调查问卷结构

调查维度	问题
职业发展满意度	我比较清楚以后我要干什么工作 我在选择工作时有明确的目标 我对以后工作能拿到多少钱、在什么职位有明确的想法 我可以把身边的各种资源、人脉利用起来，去找到以后我想从事的工作 我了解自己的能力，知道自己适合什么工作 我知道达到自己的工作目标需要哪些能力
工作环境不确定性	我基本没有想过要离开现在的工作单位 我计划长期在这个单位工作 我所在部门的工作环境经常会遇到很多问题 我所在部门的工作环境经常会变化 我所在部门的工作环境经常会对工作做出改变
工作满意度	我所在的工作环境会不让我觉得不舒服 在公司和同事相处会让我更加愿意工作 在公司和老板的相处会让我更加愿意工作 公司各部门间大家是团结尊重、齐心协力的 我每天在干完活之后，可以有其他时间做自己的事情 由于工作任务太多太累，我经常加班 我对公司安排的宿舍条件比较满意 我对公司提供的餐饮服务比较满意 当我在生活上遇到问题时，公司会积极帮我解决
职业能力可雇佣性	我在其他公司也可以找到我能干的工作 公司领导愿意招聘跟我能力和工作经历相似的员工 我可以得到新的学习机会，让自己更容易在其他公司找到工作 我能轻松地在其他公司获得一份类似的工作 我从当前工作中学到的技能可以用来做公司之外的其他工作 我在公司的人际交往，对我的工作有所帮助 与我同岗位、干一样工作的同事相比，我可以获得更多别人的尊重 即使公司要辞退一些人，我觉得自己也可以留下来 我认为做好这个工作是需要有专业的能力

表7-3(续)

调查维度	问题
外部支持	我的家人希望我可以在这个单位长期工作
	我的朋友认为我应该长期在这个单位工作
	我的家人很支持我在这家单位上班
	我的朋友认为我现在的工作是有意义的
	我的家人认为我的这份工作是有价值的
职业认同	对目前的工作我经常觉得厌烦，想换个新的单位
	未来半年，我很可能离开目前这个单位
	我和单位的关系很紧密
	我希望我的孩子以后也能够干这个工作
	我对单位有强烈的归属感，把单位当成自己的家
	在这家单位工作让我很自豪
	我对目前这家单位很认可
	我觉得在这个单位上班很荣幸
	我愿意推荐朋友和亲戚来这个单位上班

（一）职业发展满意度

技术技能型人才的职业发展满意度调查主要从三方面进行，分别是技术技能型人才个人职业发展规划、个人职业发展认知以及个人未来职业发展变动。

在技术技能型人才个人职业发展规划方面，超半成的被调查者表示对自身的职业生涯有明确的规划，高达82.25%的被调查者表示"我比较清楚以后我要干什么工作"；81.5%的被调查者表示"我在选择工作时有明确的目标"；76.75%的被调查者表示"我对以后工作能拿到多少钱、在什么职位有明确的想法"。具体情况见表7-4。

表7-4　个人职业发展规划调查

问题	选项	频数	频率
我比较清楚以后我要干什么工作	非常不同意	5	1.25%
	比较不同意	21	5.25%
	中立	45	11.25%
	比较同意	210	52.50%
	非常同意	119	29.75%

表7-4(续)

问题	选项	频数	频率
我在选择工作时有明确的目标	非常不同意	5	1.25%
	比较不同意	20	5.00%
	中立	49	12.25%
	比较同意	214	53.50%
	非常同意	112	28.00%
我对以后工作能拿到多少钱、在什么职位有明确的想法	非常不同意	8	2.00%
	比较不同意	19	4.75%
	中立	66	16.50%
	比较同意	195	48.75%
	非常同意	112	28.00%

在技术技能型人才个人职业发展认知方面，62%的被调查者认为自己可以有效利用自身资源，用以促进个人的职业发展；80.5%的被调查表示"我了解自己的能力，知道自己适合什么工作"；88.75%的被调查者表示"我知道达到自己的工作目标需要哪些能力"。具体情况见表7-5。

表 7-5　个人职业发展认知调查

问题	选项	频数	频率
我可以把身边的各种资源、人脉利用起来，去找到以后我想从事的工作	非常不同意	15	3.75%
	比较不同意	43	10.75%
	中立	94	23.50%
	比较同意	156	39.00%
	非常同意	92	23.00%
我了解自己的能力，知道自己适合什么工作	非常不同意	7	1.75%
	比较不同意	17	4.25%
	中立	54	13.50%
	比较同意	191	47.75%
	非常同意	131	32.75%

表7-5(续)

问题	选项	频数	频率
	非常不同意	5	1.25%
	比较不同意	12	3.00%
我知道达到自己的工作目标需要哪些能力	中立	28	7.00%
	比较同意	210	52.50%
	非常同意	145	36.25%

在技术技能型人才未来职业发展变动方面，59%的被调查者表示"我基本没有想过要离开现在的工作单位"；63.5%的被调查者表示"我计划长期在这个单位工作"。具体情况见表7-6。

表7-6　个人未来职业发展变动调查

问题	选项	频数	频率
	非常不同意	27	6.75%
	比较不同意	66	16.50%
我基本没有想过要离开现在的工作单位	中立	71	17.75%
	比较同意	148	37.00%
	非常同意	88	22.00%
	非常不同意	28	7.00%
	比较不同意	45	11.25%
我计划长期在这个单位工作	中立	73	18.25%
	比较同意	186	46.50%
	非常同意	68	17.00%

总的来说，调查结果显示，技术技能型员工的职业发展满意度处于中等偏上水平，大部分技术技能型员工对目前的职业发展都较为满意。

（二）工作环境不确定性

在技术技能型人才的工作环境不确定性方面，39.75%的被调查者表示"我所在部门的工作环境经常会遇到很多问题"；仅17%的被调查者表示

"我所在部门的工作环境经常会变化"；33.5%的被调查者表示"我所在部门的工作环境经常会对工作做出改变"。具体情况见表7-7。

表7-7　工作环境不确定性调查

问题	选项	频数	频率
我所在部门的工作环境经常会遇到很多问题	非常不同意	29	7.25%
	比较不同意	106	26.50%
	中立	106	26.50%
	比较同意	137	34.25%
	非常同意	22	5.50%
我所在部门的工作环境经常会变化	非常不同意	81	20.25%
	比较不同意	140	35.00%
	中立	81	20.25%
	比较同意	69	17.25%
	非常同意	29	7.25%
我所在部门的工作环境经常会对工作做出改变	非常不同意	39	9.75%
	比较不同意	130	32.50%
	中立	97	24.25%
	比较同意	100	25.00%
	非常同意	34	8.50%

总的来说，调查结果显示，技术技能型员工的工作环境不确定性处于中等偏下水平，该人群所面临的日常工作环境变化不大。

（三）工作满意度

技术技能型人才的工作满意度调查主要从四个方面进行，分别是：技术技能型人才工作环境满意度、人际关系满意度、工作强度以及后勤工作满意度。

在技术技能型人才的工作环境满意度方面，71.5%的被调查者表示其所处的工作环境是令其感到舒适的，见表7-8。

表7-8　工作环境满意度调查

问题	选项	频数	频率
	非常不同意	21	5.25%
	比较不同意	33	8.25%
我所在的工作环境不会让我觉得不舒服	中立	60	15.00%
	比较同意	163	40.75%
	非常同意	123	30.75%

　　在技术技能型人才的人际关系满意度方面，73%的被调查者表示"在公司和同事相处会让我更加愿意工作"；63.25%的被调查者表示"在公司和老板的相处会让我更加愿意工作"；73.25%的被调查者表示"公司各部门间大家是团结尊重、齐心协力的"。具体情况见表7-9。

表7-9　人际关系满意度调查

问题	选项	频数	频率
	非常不同意	12	3.00%
	比较不同意	27	6.75%
在公司和同事相处会让我更加愿意工作	中立	69	17.25%
	比较同意	221	55.25%
	非常同意	71	17.75%
	非常不同意	14	3.50%
	比较不同意	36	9.00%
在公司和老板的相处会让我更加愿意工作	中立	97	24.25%
	比较同意	174	43.50%
	非常同意	79	19.75%
	非常不同意	9	2.25%
	比较不同意	29	7.25%
公司各部门间大家是团结尊重、齐心协力的	中立	73	18.25%
	比较同意	170	42.50%
	非常同意	123	30.75%

在技术技能型人才工作强度方面，65.25%的被调查者表示"我每天在干完活之后，可以有其他时间做自己的事情"；54.5%的被调查者表示"工作强度适中，不会有经常加班的现象"。具体情况见表7-10。

表7-10　工作强度调查

问题	选项	频数	频率
我每天在干完活之后，可以有其他时间做自己的事情	非常不同意	8	2.00%
	比较不同意	45	11.25%
	中立	86	21.50%
	比较同意	184	46.00%
	非常同意	77	19.25%
由于工作任务没有太多太累，不会经常加班	非常不同意	17	4.25%
	比较不同意	74	18.50%
	中立	91	22.75%
	比较同意	159	39.75%
	非常同意	59	14.75%

在技术技能型人才后勤工作满意度方面，55%的被调查者表示对公司安排的宿舍条件比较满意；64.5%的被调查者表示对公司提供的餐饮服务比较满意；54.75%的被调查者表示"当我在生活上遇到问题时，公司会积极帮我解决"。具体情况见表7-11。

表7-11　后勤工作满意度调查

问题	选项	频数	频率
我对公司安排的宿舍条件比较满意	非常不同意	42	10.50%
	比较不同意	49	12.25%
	中立	89	22.25%
	比较同意	162	40.50%
	非常同意	58	14.50%

表7-11(续)

问题	选项	频数	频率
我对公司提供的餐饮服务比较满意	非常不同意	27	6.75%
	比较不同意	46	11.50%
	中立	69	17.25%
	比较同意	156	39.00%
	非常同意	102	25.50%
当我在生活上遇到问题时，公司会积极帮我解决	非常不同意	25	6.25%
	比较不同意	63	15.75%
	中立	93	23.25%
	比较同意	146	36.50%
	非常同意	73	18.25%

总的来说，调查结果显示，技术技能型员工的工作满意度处于中上水平。通常来说，良好的工作环境、人际关系、后勤保障以及合理的工作强度会大大提高员工的工作满意度，从而提高工作效率，促进职业发展。

（四）职业能力可雇佣性

技术技能型人才的职业能力可雇佣性调查主要从技术技能型人才工作可替代程度、个人职业能力、员工可替代程度三个方面进行。

在技术技能型人才的工作可替代程度方面，73.5%的被调查者表示"我在其他公司也可以找到我能干的工作"；73.25%的被调查者表示"我可以得到新的学习机会，让自己更容易在其他公司找到工作"；57.25%的被调查者表示"我能轻松地在其他公司获得一份类似的工作"。具体情况见表7-12。

表 7-12　工作可替代程度调查

问题	选项	频数	频率
我在其他公司也可以找到我能干的工作	非常不同意	7	1.75%
	比较不同意	25	6.25%
	中立	74	18.50%
	比较同意	226	56.50%
	非常同意	68	17.00%
我可以得到新的学习机会，让自己更容易在其他公司找到工作	非常不同意	10	2.50%
	比较不同意	28	7.00%
	中立	69	17.25%
	比较同意	183	45.75%
	非常同意	110	27.50%
我能轻松地在其他公司获得一份类似的工作	非常不同意	14	3.50%
	比较不同意	51	12.75%
	中立	106	26.50%
	比较同意	170	42.50%
	非常同意	59	14.75%

在技术技能型人才的个人职业能力方面，54.75%的被调查者表示"我从当前工作中学到的技能可以用来做公司之外的其他工作"；80.25%的被调查者表示"我在公司的人际交往，对我的工作有所帮助"；62.25%的被调查者表示"与我同岗位、干一样工作的同事相比，我可以获得更多别人的尊重"；85.5%的被调查者表示"我认为做好这个工作是需要有专业的能力"。具体情况见表7-13。

表 7-13　个人职业能力调查

问题	选项	频数	频率
我从当前工作中学到的技能可以用来做公司之外的其他工作	非常不同意	17	4.25%
	比较不同意	30	7.50%
	中立	80	20.00%
	比较同意	189	47.25%
	非常同意	84	21.00%
我在公司的人际交往，对我的工作有所帮助	非常不同意	7	1.75%
	比较不同意	20	5.00%
	中立	52	13.00%
	比较同意	163	40.75%
	非常同意	158	39.50%
与我同岗位、干一样工作的同事相比，我可以获得更多别人的尊重	非常不同意	11	2.75%
	比较不同意	28	7.00%
	中立	111	27.75%
	比较同意	180	45.00%
	非常同意	69	17.25%
我认为做好这个工作是需要有专业的能力	非常不同意	2	0.50%
	比较不同意	15	3.75%
	中立	41	10.25%
	比较同意	177	44.25%
	非常同意	165	41.25%

　　在技术技能型人才的员工可替代程度方面，74.5%的被调查者表示"公司领导愿意招聘跟我能力和工作经历相似的员工"；70%的被调查者表示"即使公司要辞退一些人，我觉得自己也可以留下来"。具体情况见表 7-14。

表 7-14　员工可替代代程度调查

问题	选项	频数	频率
公司领导愿意招聘跟我能力和工作经历相似的员工	非常不同意	4	1.00%
	比较不同意	28	7.00%
	中立	70	17.50%
	比较同意	213	53.25%
	非常同意	85	21.25%
即使公司要辞退一些人，我觉得自己也可以留下来	非常不同意	11	2.75%
	比较不同意	32	8.00%
	中立	77	19.25%
	比较同意	171	42.75%
	非常同意	109	27.25%

总的来说，调查结果显示，技术技能型员工的职业能力可雇佣性是处于中等以上水平。超半成的技术技能型员工认为自身的工作选择权与个人职业能力是在中等水平之上的，且公司并不会轻易辞退自己。

（五）外部支持

技术技能型人才的外部支持调查主要从技术技能型人才的家人支持与朋友支持两个方面进行。

在技术技能型人才的家人支持方面，56%的被调查者表示"我的家人希望我可以在这个单位长期工作"；58.75%的被调查者表示"我的家人很支持我在这家单位上班"；61.75%的被调查者表示"我的家人认为我的这份工作是有价值的"。具体情况见表 7-15。

表 7-15　家人支持调查

问题	选项	频数	频率
我的家人希望我可以在这个单位长期工作	非常不同意	18	4.50%
	比较不同意	33	8.25%
	中立	115	28.75%
	比较同意	160	40.00%
	非常同意	64	16.00%

表7-15(续)

问题	选项	频数	频率
我的家人很支持我在这家单位上班	非常不同意	12	3.00%
	比较不同意	31	7.75%
	中立	112	28.00%
	比较同意	159	39.75%
	非常同意	76	19.00%
我的家人认为我的这份工作是有价值的	非常不同意	9	2.25%
	比较不同意	21	5.25%
	中立	123	30.75%
	比较同意	169	42.25%
	非常同意	78	19.50%

在技术技能型人才的朋友支持方面，59%的被调查者表示"我的朋友认为我应该长期在这个单位工作"；67.25%的被调查者表示"我的朋友认为我现在的工作是有意义的"。具体情况见表7-16。

表7-16　朋友支持调查

问题	选项	频数	频率
我的朋友认为我应该长期在这个单位工作	非常不同意	20	5.00%
	比较不同意	47	11.75%
	中立	97	24.25%
	比较同意	168	42.00%
	非常同意	68	17.00%
我的朋友认为我现在的工作是有意义的	非常不同意	6	1.50%
	比较不同意	33	8.25%
	中立	92	23.00%
	比较同意	191	47.75%
	非常同意	78	19.50%

总的来说，调查结果显示，技术技能型员工的外部支持是处于中等以上水平。超半成的家人及朋友都是支持技术技能型员工目前的工作的。

（六）职业认同

技术技能型人才的职业认同调查主要从技术技能型人才的职业忠诚感与职业认可度两个方面进行。

在技术技能型人才的职业忠诚感方面，64.75%的被调查者表示并未厌烦目前的工作；69.25%的被调查者表示未来半年内不打算离开目前这个单位；50.75%的被调查者表示"我和单位的关系很紧密"；50.5%的被调查者表示"我对单位有强烈的归属感，把单位当成自己的家"。具体情况见表7-17。

表7-17　职业忠诚感调查

问题	选项	频数	频率
对目前的工作我并未觉得厌烦	非常不同意	19	4.75%
	比较不同意	48	12.00%
	中立	74	18.50%
	比较同意	133	33.25%
	非常同意	126	31.50%
未来半年，我不打算离开目前这个单位	非常不同意	18	4.50%
	比较不同意	43	10.75%
	中立	62	15.50%
	比较同意	117	29.25%
	非常同意	160	40.00%
我和单位的关系很紧密	非常不同意	24	6.00%
	比较不同意	44	11.00%
	中立	109	27.25%
	比较同意	157	39.25%
	非常同意	46	11.50%

表7-17(续)

问题	选项	频数	频率
我对单位有强烈的归属感，把单位当成自己的家	非常不同意	40	10.00%
	比较不同意	79	19.75%
	中立	79	19.75%
	比较同意	136	34.00%
	非常同意	66	16.50%

在技术技能型人才的职业认可度方面，26.5%的被调查者表示"在这家单位工作让我很自豪"；22%的被调查者表示"我对目前这家单位很认可"；49%的被调查者表示"我觉得在这个单位上班很荣幸"；仅10%的被调查者表示"我希望我的孩子以后也能够干这个工作"；50.5%的被调查者表示"我愿意推荐朋友和亲戚来这个单位上班"。具体情况见表7-18。

表7-18　职业认可度调查

问题	选项	频数	频率
在这家单位工作让我很自豪	非常不同意	29	7.25%
	比较不同意	49	12.25%
	中立	88	22.00%
	比较同意	146	36.50%
	非常同意	89	22.25%
我对目前这家单位很认可	非常不同意	17	4.25%
	比较不同意	34	8.50%
	中立	98	24.50%
	比较同意	184	46.00%
	非常同意	67	16.75%

表7-18(续)

问题	选项	频数	频率
我觉得在这个单位上班很荣幸	非常不同意	21	5.25%
	比较不同意	49	12.25%
	中立	134	33.50%
	比较同意	142	35.50%
	非常同意	54	13.50%
我希望我的孩子以后也能够干这个工作	非常不同意	102	25.50%
	比较不同意	97	24.25%
	中立	109	27.25%
	比较同意	81	20.25%
	非常同意	11	2.75%
我愿意推荐朋友和亲戚来这个单位上班	非常不同意	29	7.25%
	比较不同意	56	14.00%
	中立	113	28.25%
	比较同意	160	40.00%
	非常同意	42	10.50%

总的来说,调查结果显示,技术技能型员工的职业认同处于较低水平。大部分技术技能型员工的职业忠诚感处于中等以上水平,但其职业认可度较低。

三、回归分析

我们根据问卷调查数据,以职业发展满意度为因变量,以性别、年龄、婚姻状况、生育状况、学历水平、司龄、工龄、职业认同、外部支持、职业能力可雇用性、工作满意度、环境不确定性为自变量,进行回归分析,所得结果如表7-19所示。

表 7-19　回归结果

	非标准化系数		标准化系数	t	p
	B	标准误差	Beta		
常数	−0.055	0.241	—	−0.230	0.818
性别	0.122	0.051	0.070	2.371	0.018*
年龄	−0.003	0.002	−0.043	−1.348	0.178
婚姻状况	0.158	0.081	0.092	1.943	0.053***
生育状况	0.075	0.069	0.052	1.081	0.280
学历水平	−0.038	0.028	−0.040	−1.375	0.170
司龄	0.008	0.012	0.050	0.694	0.488
工龄	−0.013	0.011	−0.084	−1.111	0.267
职业认同	0.867	0.087	0.710	9.956	0.000**
外部支持	0.123	0.049	0.110	2.505	0.013*
职业能力可雇佣性	0.348	0.054	0.236	6.457	0.000**
工作满意度	−0.030	0.050	−0.028	−0.606	0.545
环境不确定性	−0.021	0.027	−0.024	−0.762	0.447

由表 7-19 可以看出，在 1% 的置信区间内，职业认同（$t = 9.956$，$p = 0.000 < 0.01$）、职业能力可雇佣性（$t = 6.457$，$p = 0.000 < 0.01$）会对职业发展满意度产生显著影响；在 5% 的置信区间内，性别（$t = 2.371$，$p = 0.018 < 0.05$）、外部支持（$t = 2.505$，$p = 0.013 < 0.05$）会对职业发展满意度产生显著影响；在 10% 的置信区间内，婚姻状况（$t = 1.943$，$p = 0.053 < 0.1$）会对职业发展满意度产生显著影响。年龄（$t = −1.348$，$p = 0.178 > 0.1$）、生育状况（$t = 1.081$，$p = 0.280 > 0.1$）、学历水平（$t = −1.375$，$p = 0.170 > 0.1$）、司龄（$t = 0.694$，$p = 0.488 > 0.1$）、工龄（$t = −1.111$，$p = 0.267 > 0.1$）、工作满意度（$t = −0.606$，$p = 0.545 > 0.1$）、环境不确定性（$t = −0.762$，$p = 0.447 > 0.1$）在 10% 的置信区间内对职业发展满意度都不会产生显著影响。

（一）职业发展满意度与职业认同

在技术技能型人才的职业发展满意度与职业认同方面，调查数据分析结果显示，职业认同的回归系数值为 0.867（$t = 9.956$，$p = 0.000 < 0.01$），在 1% 的置信区间内职业认同会对职业发展满意度产生显著正向影响，即技术技能型人才职业认同的提升有利于提高其职业发展满意度。其回归结果如表 7-20 所示。

表 7-20　职业认同对职业发展满意度影响的回归结果

	非标准化系数		标准化系数	t	p
	B	标准误差	Beta		
职业认同	0.867	0.087	0.710	9.956	0.000**

问卷调查结果显示，20% 的技术技能型员工职业认同处于较低水平，仅有 58.7% 的员工表示很认可自己目前的工作，48.3% 的员工为目前的工作感到自豪。职业认同会影响员工的忠诚度、向上力、成就感和事业心，职业认同偏低会导致员工工作积极性下降，导致其在工作时的努力度、认真度不够，也会在一定程度阻碍其职业发展，最终导致其职业发展满意度不高。

（二）职业发展满意度与职业能力可雇佣性

在技术技能型人才的职业发展满意度与职业能力可雇佣性方面，调查数据分析结果显示，职业能力可雇佣性的回归系数值为 0.348（$t = 6.457$，$p = 0.000 < 0.01$），在 1% 的置信区间内职业能力可雇佣性会对职业发展满意度产生显著正向影响，即拥有高职业能力可雇佣性的技术技能型人才会拥有高职业发展满意度。其回归结果如表 7-21 所示。

表 7-21　职业能力可雇佣性对职业发展满意度影响的回归结果

	非标准化系数		标准化系数	t	p
	B	标准误差	Beta		
职业能力可雇佣性	0.348	0.054	0.236	6.457	0.000**

问卷调查结果显示，91.9% 的技术技能型员工表示自己在其他公司也能找到适合的工作；83.7% 的员工表示自己能在其他公司获得一份类似的

工作；88.2%的员工表示自己在当前工作中学到的技能可以用来做公司之外的其他工作。职业能力可雇佣性高的技术技能型人才能够更加顺利在其职业生涯过程中获得相应的岗位，其就业面及就业选择相对较宽。在选择就业岗位时，其有能力进行多方比较，做出最优解，这一过程也促进了其职业发展。

（三）职业发展满意度与性别

在技术技能型人才的职业发展满意度与性别方面，调查数据分析结果显示，性别的回归系数值为 0.122（$t=2.371$，$p=0.018<0.05$），在 5%的置信区间内性别会对职业发展满意度产生显著正向影响，即男性的职业发展满意度显著高于女性。其回归结果如表 7-22 所示。

表 7-22　性别对职业发展满意度影响的回归结果

	非标准化系数		标准化系数	t	p
	B	标准误差	Beta		
性别	0.122	0.051	0.070	2.371	0.018*

问卷调查结果显示，男性的职业发展满意度平均分为 3.85，女性的职业发展满意度平均分为 3.48。女性职业发展较男性职业发展相比阻碍较多，职业发展较为受限，故其职业发展满意度水平也相对较低。

（四）职业发展满意度与外部支持

在技术技能型人才的职业发展满意度与外部支持方面，调查数据分析结果显示，外部支持的回归系数值为 0.123（$t=2.505$，$p=0.013<0.05$），在 5%的置信区间内外部支持会对职业发展满意度产生显著正向影响，即工作受家庭、朋友、社会认同度、支持度更高的技术技能型人才会拥有更高的职业发展满意度。其回归结果如表 7-23 所示。

表 7-23　外部支持对职业发展满意度影响的回归结果

	非标准化系数		标准化系数	t	p
	B	标准误差	Beta		
外部支持	0.123	0.049	0.110	2.505	0.013*

问卷调查结果显示，仅有58.7%的技术技能型人才的家人支持其目前的工作，54.7%的技术技能型人才表示不愿意推荐自己的朋友或亲戚，甚至自己的孩子从事自己目前的职业。在调研中，一名基层员工表示：肯定不愿意未来的孩子继续做这个工作，即便未来待遇提高，也没法改变别人对你的看法，他们始终会看不起做体力活的人。外部支持会在一定程度上影响员工个人的职业认知，从而影响其职业判断以及工作积极性，当其个人对自身工作持怀疑态度时，便会阻碍其职业发展。

（五）职业发展满意度与婚姻状况

在技术技能型人才的职业发展满意度与婚姻状况方面，调查数据分析结果显示，婚姻状况的回归系数值为0.158（$t=1.943$，$p=0.053<0.1$），在10%的置信区间内婚姻状况会对职业发展满意度产生显著正向影响，即已婚的技术技能型人才的职业发展满意度会显著高于未婚的技术技能型人才。其回归结果如表7-24所示。

表7-24　婚姻状况对职业发展满意度影响的回归结果

	非标准化系数		标准化系数	t	p
	B	标准误差	Beta		
婚姻状况	0.158	0.081	0.092	1.943	0.053***

问卷调查结果显示，已婚的技术技能型人才的职业发展满意度平均分为3.89，未婚的技术技能型人才的职业发展满意度平均分为3.24。普遍来说，已婚的员工年龄普遍高于未婚员工，其工作年限也可能更久，故其职业发展水平也会较未婚员工更高。

第五节　研究结论

一、技术技能型人才职业发展现存问题

习近平总书记强调，技术工人队伍是支撑中国制造、中国创造的重要

力量。我国工人阶级和广大劳动群众要大力弘扬劳模精神、劳动精神、工匠精神，适应当今世界科技革命和产业变革的需要，勤学苦练、深入钻研，勇于创新、敢为人先，不断提高技术技能水平，为推动高质量发展、实施制造强国战略、全面建设社会主义现代化国家贡献智慧和力量。技能人才是创造社会财富的重要因素，是创新驱动发展的中坚力量，是实施制造强国的关键动力。然而，通过调研发现，目前我国技术技能型人才仍存在职业发展通道待畅通、社会认可度待提升、职业认同度待提高、性别困境待突破等问题，需要得到进一步的重视解决。

（一）职业发展通道待畅通

中华人民共和国人力资源和社会保障部 2021 年 9 月 15 日发布通知，开展特级技师评聘试点。这意味着我国技术技能型人才突破了晋升天花板，进入"六级工"时代。但在企业的具体实施中，"晋升通道窄""重文凭，轻专业"的现象仍普遍存在。访谈中，一位基层工人表示：公司有晋升通道，我们现在的主任都是从车间做起来的，只是通道比较窄，一般来说，可能 100 个基层工人中，只有一个晋升的位置。制度进一步落实仍存在各种阻碍待清理。另外，职位细分不清晰、不明了也是大多数技术技能型员工职业发展道路上面对的障碍。访谈中，有工人举例说，职位评定时，同是汽车修理工，就包括电工、钳工、铣工等几项不同工种的岗位，不同工种所需具备的技能是相互独立的，而在职位评定考核时，并没有对这些工种进行晋升上的职位细分，考核内容涵盖了所有技能。一位基层员工表示：汽车修理工包括焊工、钳工、漆工等，大家平时都是各做各的，但是在进行岗位评定考核的时候，又会对所有内容进行考核，这就导致大家没有很大的意愿去参与。因此，如何畅通技术技能型人才职业发展通道是亟待解决的难题。

（二）社会认可度待提升

中国传统的学而优则仕的思想对人民的影响是根深蒂固的，因此现在社会上重学历轻能力、重知识轻技能的现象始终普遍存在，这些老旧的观念使得社会中始终存在对职业进行等级划分的错误认知。当前，社会依旧普遍认为技术技能型人才所从事的都是体力劳动，收入不高，工作不够体面，而从事脑力劳动或者在体制内工作则被普遍认为是体面的工作。从调研结果中可以发现，54.7%的技术技能型员工表示不愿意推荐自己的朋友或亲戚，甚至自己的孩子从事自己目前的职业。社会对技术技能型人才的低认同度导致了技术技能型人才的低职场地位，也就促使更多的人才不愿从事技术技能型工作，技术技能型人才市场供给严重不足，从而造成了"技能荒"。因此，提升技术技能型人才的社会认同度，塑造"崇尚一技之长、不唯学历凭能力"的社会氛围是破解"技能荒"的根本，也是打破技术技能型人才职业发展壁垒的根本。

（三）职业认同度待提高

从社会层面来看，长期以来技术技能型人才社会认同感低下，技术技能型人才不受重视，相关从业人员的社会地位得不到认可，技术技能型人才缺乏职业荣誉感和归属感，"技能工人"更是成为了"打工人""外乡人"的代名词。从学校层面来看，受到社会风气和校园亚文化的影响，技术技能型院校的学生对自身认同度不高，认为高职院校不如本科院校，以"混文凭"作为其学习的最终目标；同时，对自身的专业认同感也低，不认可所学专业的职业发展前景，认为成为技能工人低人一等。从企业层面来看，技术技能型人才普遍存在待遇低、地位低、缺乏工作获得感及工作荣誉感的问题。大部分技术技能型工人日常从事的是规范化、标准化、程序化的工作，工作参与感低，且枯燥乏味，长此以往，其工作满意度和工作积极性便会消磨殆尽，对待工作敷衍了事。从个人层面来看，由于长期处在不被认可的社会环境下，员工个人可能会对职业产生消极看法，且由于在工作中员工个人价值难以实现，从而导致其个人职业认同度的不断降低，最终阻碍其职业发展。

（四）性别困境待突破

女性在职场中由于自身的生理限制、家庭角色分工、社会的认知偏差、向上的天花板效应、刻板印象等因素，从而导致其职业发展始终存在发展困境。由于大多女性都要经历经期、孕期、哺乳期等特殊生理周期，其工作难免会因身体的变化受到一定的影响。因此，在单位中，领导会更倾向于将重要工作交予男性员工，而这对于女性员工来说，无疑成为了其职业发展上的障碍。对于女性来说，社会上"男主外，女主内"的认知偏差，社会上"女性工作能力不如男性"的刻板印象导致了女性职业发展的天花板效应，在同样的职位竞争中，对于女性来说，其需要付出更多的努力才能够取得和男性同等的竞争优势，这也限制了女性的职业发展。

二、技术技能型人才职业发展对策建议

技术技能型人才是我国人才队伍的重要组成部分，更是支撑中国制造和中国创造的重要力量。党的十九大以来，党中央、国务院高度重视技术技能型人才工作。贯彻落实技术技能型人才相关政策指示，健全技术技能型人才政策保障，拓宽技术技能型人才职业发展通道，营造人人努力成才、人人皆可成才、人人尽展其才的良好社会氛围，切实提升技术技能型人才职业认同，破解女性技术技能型人才发展困境，推动技术技能型人才职业发展是推动经济高质量发展的重大战略部署，是建设制造强国的关键举措。

（一）健全技术技能型人才职业发展政策保障

政策是一切行动实施的基石，完备的政策体系可以为技术技能型人才职业发展提供坚实的政策保障。我们要强化技能人才的司法保护，构建和谐劳资关系，保障劳动者合法权益，建立健全技能人才的法律保护，完善技能人才工伤认定法规，满足技术技能型人才工作的基本需求，解决技能人才的后顾之忧；贯彻技术技能型女性人才在求职、晋升的政策机制，设置禁止歧视政策，保障不同性别的技术技能型人才都能拥有同等的发展机会。

（二）拓宽技术技能型人才职业发展通道

拓宽技术技能型人才职业发展通道是促进其职业发展的首要举措。政府层面，要着力破除"唯名校、唯学历"的用人导向，指导企业根据不同行业、不同单位、不同类别岗位职责要求，科学合理设置学历、职业资格

或职业技能水平等招聘条件。企业层面，要进行岗位细分及晋升通道再设计，对技术技能型工种按其工种类型、职能要求、技术要求等进行岗位细分，为其职业发展道路设计提供基础的路径依据；增加晋升方向，摒弃之前的局限于单一通道的晋升路径，在岗位细分的基础上为技术技能型人才提供更多的晋升选择；还可以让员工横向比较各个晋升通道，从而选择自己最适合、最心仪的晋升通道，从而充分调动员工工作积极性，促进员工个人与企业的共同发展；明确晋升条件，优化资格评定通道；以测试工艺、动手能力为主，笔试考核为辅，遴选发布社会培训评价组织，推行社会化职业技能等级认定；加大对职位晋升或比赛获奖的优秀技能人才的奖励和表彰。

（三）提升技术技能型人才的社会认可度

社会认可度提升主要体现在社会公众对技术技能型工种的价值创造的认同。在舆论评价、行为导向和职业选择等方面保持心理认可和理性接受，有利于提升技术技能型人才自身的职业认同与身份认同，促进技术技能型人才的职业发展。目前，企业所采取的人才激励政策仍存在"唯学历"的评判标准，这让一些有技术、无学历的技术技能型人才难以发挥技能优势。在政府层面，地方政府可以以人社部所颁布的《关于支持企业大力开展技能人才评价工作的通知》为依据，建立优秀技能人才技能资格越级申报、技能等级直接认定制度，以认定权利企业化、认定资格社会化为准绳，推动建立以市场为导向、以制造业企业等用人单位为主体、以职业技能等级认定为主要评审方式的技能人才激励制度。政府应强化人才激励政策的资助力度，向市场传递政策信号，还可以尝试构建政府与社会、政府与行业、政府与企业的信息沟通与交流渠道，借助信息化手段，搭建沟通的桥梁。在社会层面，为营造有利于职业教育发展的良好环境，国家可以通过组织开展职业技能竞赛等活动，为技术技能型人才提供展示技能、切磋技艺的平台，从而持续培养更多高素质技术技能型人才、能工巧匠和大国工匠；事业单位公开招聘中有职业技能等级要求的岗位，可以适当降低学历要求；新闻媒体和职业教育有关方面应当积极开展职业教育公益宣传，营造人人努力成才、人人皆可成才、人人尽展其才的良好社会氛围。

（四）提高技术技能型人才职业认同度

技能型人才自身的职业认同会正向影响个人的工作适应，并且在工作适应过程中，如果其本身个性上前瞻性特征不够明显，但是对职业有高度的认同，也可以很好地完成工作适应。职业认同是个体通过自身从事的职业认识自我、定位自我的反映，它不仅回答当前"我是谁"，同时也回答未来"我要成为什么样的人"。在人才培养方面，政府部门应该加强顶层设计，出台相关行业的指导意见，注重产教融合、校企合作，加强行业与高校共建，依托大型企业（集团）建设一批示范性的技能人才培训基地，进一步完善技术技能型人才职业教育体系。学校则除了要注重培养学生的专业、职业技能，还要加强学生前瞻性，尤其是其坚韧性的培养。这有利于当青年技术技能型人才从事认同度较低的工作时，仍能够调整自己，更好地适应工作，从而为社会做出贡献，实现自身价值。在企业管理方面，组织应重视技术技能型员工职业认同感的提升；加强技术技能型人才职业生涯规划，为每一位技术技能型人才明晰其职业发展晋升通道，从而充分调动技术技能型人才的工作积极性；加强组织文化建设，强调组织给予员工的归属感，重视组织文化与员工个体特质的一致性与适配性，增强企业文化的职业认同感导向；加强职业认同考评导向，将职业认同度纳入员工绩效考核，有意识地引导员工加强组织认同感。在社会氛围方面，我们应加大对"大国工匠""技能明星"的宣传力度，营造"尊重劳动、崇尚实干、鼓励创造"的良好氛围，激励更多青年走技能成才、技能报国之路。在个人认知方面，技能型人才在进入职场之前，可以通过多种渠道了解自身所学专业的发展前景，认识自己的专业，确定个人定位，培养强烈的职业兴趣。个体只有真正了解了自己的专业性质和特点以后，才更有可能在入职之前建立起自己的职业认同感。技术技能型人才在对自身专业、所处行业有较高的认同之时进入新的工作环境，更有利于其个人的工作适应。

（五）破解女性技术技能型人才性别困境

我们要破解女性技术技能型人才性别困境，促进女性技术技能型人才职业发展。一方面，我们要打破固有传统观念与刻板印象，树立正确的舆论导向，建立平等的性别文化。新闻媒体应以男女平等的思想宣传为主，抵制性别差异以及性别歧视方面的宣传，积极宣传新时代下女性独立自主的正面形象；要与社会文化的变化发展对应，改变传统文化中关于女性的糟粕思想，消除社会对于女性的刻板印象，强调性别平等的价值观。另一方面，企业要建立性别平等的组织文化，加强对一些杰出女性技术技能型人才的先进事迹的宣传力度，发挥榜样示范与带动作用，激励更多的女性技术技能型人才积极工作，努力发展。企业在招聘、晋升上应秉承男女平等的思想，公平公正地对待女性技术技能型人才的职业发展。

第八章 研究展望

习近平总书记对职业教育工作作出重要指示，"在全面建设社会主义现代化国家新征程中，职业教育前途广阔、大有可为。要坚持党的领导，坚持正确办学方向，坚持立德树人，优化职业教育类型定位，深化产教融合、校企合作，深入推进育人方式、办学模式、管理体制、保障机制改革，稳步发展职业本科教育，建设一批高水平职业院校和专业，推动职普融通，增强职业教育适应性，加快构建现代职业教育体系，培养更多高素质技术技能型人才、能工巧匠、大国工匠。各级党委和政府要加大制度创新、政策供给、投入力度，弘扬工匠精神，提高技术技能型人才社会地位，为全面建设社会主义现代化国家、实现中华民族伟大复兴的中国梦提供有力人才和技能支撑。"

当前，技术技能型人才在许多领域都呈现稀缺的状态，他们是推动产业创新和发展的关键因素。关注他们的职业发展问题有助于从国家层面、组织层面、个人层面等方面加强对技术技能型人才的培养，还有利于引发对教育领域的再思考。

第一，研究技术技能型人才职业发展问题，不仅在经济、科技领域带来了积极价值，技术技能型人才职业发展还在国家的整体发展中扮演着不可替代的角色。

经济增长与竞争力提升。技术技能型人才的职业发展促进了创新和技术应用，推动产业升级和新兴产业的发展。这有助于国家的经济增长，提升产业竞争力，推动国家走向创新驱动发展的道路。

产业结构优化。技术技能型人才的职业发展引领了产业结构的优化与升级。他们在各个领域的应用推动了新兴领域的开拓、传统产业的转型，促进了高附加值产业的发展，实现了经济结构的优化与多元化。随着科技的进步，新兴领域不断涌现。这些领域往往处于不同学科的交叉点上，需要技术技能型人才将不同领域的知识结合起来。跨领域整合能力使得技术人才能够更早地探索和开发新兴领域，引领未来的技术发展。同时，技术技能型人才能够打破传统产业的局限性，提高传统产业的生产效率，帮助传统产业更有效地利用资源，实现可持续发展，推动产业的创新发展。

创新的交叉融合。跨领域整合是未来创新的核心。不同领域的知识和技能在交叉融合时，能够创造出全新的解决方案，推动创新的速度和质量。技术技能型人才具备不同领域的知识和技能，他们能够更容易地跨足多个领域，将知识在实际应用中进行融合，从而创造出更有创新性的解决方案。

人才储备和引领力量。技术技能型人才的职业发展丰富了国家的人才储备，为国家培养了大量高水平的技术技能型人才。他们也成为了引领产业发展和社会进步的力量，对国家的技术发展产生持续影响。

国际合作与影响力提升。技术技能型人才在国际科技合作中起到桥梁和纽带作用，促进了国际交流与合作。他们的国际影响力提升，为国家赢得了更多的合作机会，有助于在全球科技舞台上取得更大话语权。

第二，研究技术技能型人才职业发展问题，为组织带来了增强竞争力、提高效率和树立良好形象等多方面的积极影响，促使组织在变化多端的市场环境中保持活力。

创新和竞争优势。技术技能型人才的职业发展促进了组织内部的创新能力提升。他们不断学习和应用新技术、新工艺，为组织带来创新思维和解决问题的能力，从而获得在市场竞争中的优势。

高效生产与质量提升。技术技能型人才在工作中运用先进技术和方法，提高了生产效率和产品质量。他们能够改进生产流程、优化工艺，从而降低成本，提高产出，并确保产品符合高质量标准。

人才储备和团队建设。组织通过培养技术技能型人才，建立了坚实的人才储备。他们不仅为组织当前的工作提供了支持，还培养了未来的领导者和专家。同时，技术技能型人才也丰富了组织的多元团队，增强了团队的综合能力。

员工满意度和忠诚度提升。组织为技术技能型人才提供职业发展机会，显示出对员工的关注和投资。这有助于提升员工的满意度和忠诚度，减少人才流失。技术技能型人才感受到组织的支持，更愿意为组织贡献他们的专业知识和经验。

品牌声誉和社会形象。组织培养和发展技术技能型人才，表现出对技术创新和人才培养的承诺，提升了品牌声誉和社会形象。在行业中被认为是技术领导者和可信赖的合作伙伴，进一步增强了组织的影响力。

第三，研究技术技能型人才职业发展问题，不仅能够满足个人职业目标和成就感，还能够提升其在职场和社会中的地位和影响力。

职业成长和发展。技术技能型人才通过不断学习和实践，不仅在自己的领域中获得深入的专业知识，还能够拓展跨领域的能力。他们的职业发展路径更加多样化，可以朝着专业领域深度发展或者跨领域广度发展，从而实现个人职业成长和发展。

竞争力和市场价值提升。技术技能型人才通过掌握先进技术和专业技能，使得自己在职场上更具竞争力。他们的市场价值相对较高，因为他们拥有稀缺的专业知识和技能，更容易找到适合自己的职业机会。

自我实现和价值认同。通过在技术领域的职业发展，技术技能型人才能够实现自我价值，并获得职业认同感。他们为社会和产业做出贡献，实现了自己的职业目标，获得了自我实现感和满足感。

社会地位和影响力。技术技能型人才在社会中享有较高的社会地位和影响力。他们的专业知识和技能使他们成为领域专家，在行业内赢得尊重和认可，也为社会发展做出了积极贡献。

第四，技术技能型人才的培养带来教育领域的变革。

职业教育更加凸显灵活性和多样性。技术技能型人才需要持续学习和不断适应新技术，这将推动职业教育更加注重实践技能和应用能力的培养。职业教育将更加灵活，提供符合个体需求的培训和课程，支持人才在不同领域间的转换。

培养创新思维和实践能力更受重视。技术技能型人才的职业发展要求创新思维和实际问题的解决能力。职业教育将更加强调创新、实践和项目驱动的培养模式，使学生能够将知识应用于实际情境中。

在线学习和数字化教育更加普及。技术技能型人才在职业发展过程中需要不断学习和更新知识，这将推动在线学习和数字化教育的普及。人才可以通过在线课程和培训平台持续学习，满足快速变化的知识需求。

职业规划和自我发展更为重要。技术技能型人才的职业发展强调个体的职业规划和自我发展。职业教育将更加关注帮助学生了解自己的兴趣、优势和目标，从而更好地规划职业道路。

参考文献

[1] 蔡泽寰. 借鉴英国的现代学徒制度培养高技能人才 [J]. 高等理科教育, 2004 (5): 62-66.

[2] 曹婷. 日本职业教育的发展沿革及启示 [J]. 天津商务职业学院学报, 2022, 10 (2): 91-97.

[3] 陈德泉, 徐梦佳. 新制造业计划推动背景下杭州技能人才供给现状与优化建议 [J]. 教育与职业, 2021 (24): 93-97.

[4] 陈钢, 薛莉, 段静茹. 发达国家技能人才短缺治理的策略与启示 [J]. 高等职业教育探索, 2020, 19 (3): 76-80.

[5] 陈洪捷, 徐宏伟, 咸佩心, 等. 德国工业技术文化与职业教育 (笔谈) [J]. 中国职业技术教育, 2021 (36): 17-28.

[6] 陈夏瑾, 潘建林. 高职国际化技能人才培养的时代需求、内涵定位、问题及路径: 基于新发展格局的背景分析 [J]. 成人教育, 2022, 42 (10): 71-77.

[7] 崔昊. 技能人才培养需要融入"工匠精神" [J]. 中国人才, 2020 (5): 16-18.

[8] 翟俊卿, 石明慧. 提升数字技能: 澳大利亚职业教育人才培养的新动向 [J]. 职业技术教育, 2021, 42 (19): 73-79.

[9] 丁艳丽. 探索技能人才培养支持的新路径 [J]. 中国人才, 2020 (10): 24-26.

[10] 董伟, 张美, 王世斌, 等. 智能制造行业技能人才需求与培养

匹配分析研究 [J]. 高等工程教育研究，2018（6）：131-138.

[11] 杜伟. 专业技术人才与高技能人才职称贯通对策研究 [J]. 吉林省教育学院学报，2022，38（8）：183-186.

[12] 范临燕. "一带一路"背景下国际化技术技能人才培养探析 [J]. 教育与职业，2020（21）：108-112.

[13] 顾建军. 高素质技术技能人才培养的现代意蕴与职业教育调适 [J]. 国家教育行政学院学报，2021（5）：20-25，32.

[14] 关珊珊. 不断完善技能型人才培养体系：对英国继续教育政策十年发展变化的解析 [J]. 职业技术教育，2021，42（27）：70-79.

[15] 桂海进. 高职创新创业教育多元协同路径探索与实践 [J]. 实验技术与管理，2021，38（12）：212-215，229.

[16] 韩静，张力跃. 芬兰职业教育发展：历史、现状与趋势 [J]. 职业技术教育，2016，37（21）：64-68.

[17] 韩通，郄海霞. 技能型社会建设背景下技能人才培养标准开发的价值、逻辑与路径 [J]. 中国职业技术教育，2023（15）：46-53.

[18] 韩通，郄海霞. 面向2035：我国技能型社会建设的内涵实质、现实逻辑与机制路径 [J]. 职业技术教育，2022，43（19）：20-26.

[19] 韩永强，李薪茹. 美国职业教育与产业协同发展的经验及启示 [J]. 中国成人教育，2017（4）：111-115.

[20] 韩永强，王莉. 中国特色技能型社会建设成就、挑战与路径 [J]. 职业技术教育，2022，43（19）：6-12.

[21] 何舰. 论"工匠精神"与技能型产业工人队伍建设 [J]. 青海社会科学，2020（1）：199-204.

[22] 胡彩霞，檀祝平. 高技能人才培养：政策导向、现实困境与教育调适 [J]. 职教论坛，2022，38（11）：14-22.

[23] 黄小璜. 德国双元制职业教育行动导向教学模式研究 [J]. 江苏教育研究，2021（30）：48-51.

[24] 江燕英，张学英，李雪星. 技能形成视域下高技能人才培养的

"三证书"模式探索：学历框架与资历框架的对话［J］. 中国职业技术教育，2021（33）：17-23.

［25］姜无疾. 芬兰职业教育与培训对我国高等职业教育的启示［J］. 现代职业教育，2020（43）：8-9.

［26］焦艳芳. 中美日人力技能比较与国家创新力差异研究［J］. 科学管理研究，2017，35（1）：108-111.

［27］金星霖，石伟平. 论职业教育与普通教育协调发展［J］. 现代教育管理，2022（8）：102-110.

［28］匡瑛. 技术技能人才培育的突出问题与破局之策［J］. 人民论坛，2022（21）：73-76.

［29］雷前虎，来文静，路宝利. "技能中国"构建的历史寻绎：近现代百年来中国特色学徒制演进的个案勘察［J］. 中国职业技术教育，2022（21）：56-63.

［30］雷世平，乐乐，谢盈盈. 技能型社会建设动力机制及其构建略论［J］. 职教论坛，2022，38（1）：51-56.

［31］李春玲. 中国社会分层与流动研究70年［J］. 社会学研究，2019，34（6）：27-40，243.

［32］李军. 瑞士职业教育的成功做法及启示［J］. 哈尔滨职业技术学院学报，2022（1）：1-4.

［33］李连增，海南. 美、英和日本职业教育体系对普职融通政策实施的启示［J］. 现代商贸工业，2023，44（6）：75-77.

［34］李梦卿，罗冠群. "技能中国"建设背景下我国高水平技能人才培养研究［J］. 职教论坛，2021，37（9）：12-20.

［35］李梦卿，余静. 我国技能型社会建设的时代背景、价值追求与实施路径［J］. 中国职业技术教育，2021（24）：5-11，25.

［36］李时辉，陈志军，王波. 创新型高技能人才培养体系构建［J］. 高等工程教育研究，2021（5）：154-158，193.

［37］李玉静，谷峪. 论技能人才培养的国家战略意义：逻辑依据、

现实诉求及路径选择：基于对全国职业教育大会精神的思考［J］. 职业技术教育，2021，42（15）：8-14.

［38］李玉静. 技能形成的全政府治理路径［J］. 职业技术教育，2019，40（13）：1.

［39］李玉静. 技能型社会：理论根基与建构路径［J］. 职业技术教育，2021，42（22）：1.

［40］李玉珠，弓秀云，张秋月. 技能社会的核心、载体与共同体逻辑［J］. 职教论坛，2022，38（1）：42-50.

［41］李哲，李娟，李章杰，等. 日本人工智能战略及人才培养模式研究［J］. 现代教育技术，2019，29（12）：21-27.

［42］李政，刘宁. 我国终身职业教育与技能培训制度构建：一个嵌入性视角的分析［J］. 职业技术教育，2021，42（13）：32-37.

［43］梁海兰，赵聪，李焱. 技能型社会建设背景下职业教育人才培养的目标、方向与路径［J］. 教育与职业，2022（16）：5-12.

［44］廖彩霞，周勇成. 技能型社会视域下高职学生创新创业能力提升的挑战与路径［J］. 教育与职业，2022（18）：67-71.

［45］林伯海，马宁. 习近平关于工匠精神重要论述的生成、意蕴及实践路径［J］. 思想教育研究，2021（12）：21-24.

［46］刘惠芹，王晓红. 德技并修、工学结合育人机制构建［J］. 中国高等教育，2018（21）：58-59.

［47］刘璞. 芬兰的高等职业教育：多科技术学院［J］. 职业，2019（5）：126-127.

［48］刘伟，高理翔. 技能人才激励政策、技能赋能与出口质量跃升：来自微观企业的证据［J］. 产业经济评论，2022（2）：74-92.

［49］刘文开，黄云玲. 高职院校建构校企命运共同体的时代意蕴与实现策略［J］. 教育评论，2021（12）：33-36.

［50］刘晓，钱鉴楠. 技能型社会下产业工人队伍建设与职业教育使命担当［J］. 中国职业技术教育，2021（33）：5-10.

[51] 刘晓，王海英. 技能型社会下职业教育公共服务的现实诉求、体系构建与实施路径 [J]. 现代教育管理，2022（6）：90-98.

[52] 刘英霞. 技能型社会背景下技术技能人才要素模型与培养路径 [J]. 教育与职业，2022（10）：62-65.

[53] 柳靖，柳桢. 学习环境与吸引力：芬兰职业教育与培训的做法及启示 [J]. 职业技术教育，2021，42（21）：69-75.

[54] 卢志米. 产业结构升级背景下高技能人才培养的对策研究 [J]. 中国高教研究，2014（2）：85-89.

[55] 陆凤，崔华华，王一宁. 教育共同体构建：大学治理能力现代化的提升逻辑与路径 [J]. 北京航空航天大学学报（社会科学版），2022，35（4）：148-154.

[56] 罗尧成，冉玲. 我国高技能人才政策沿革、问题及其应对 [J]. 中国职业技术教育，2021（25）：47-53.

[57] 吕玉曼. 校企人员"双向流动"的内涵、困境与实践路径 [J]. 教育与职业，2021（24）：28-33.

[58] 马健生，刘云华. 德国职业教育双元制的国际传播：经验与启示 [J]. 外国教育研究，2021，48（12）：70-85.

[59] 马力，郑玉华. 职业教育技术技能人才培养的增值评价研究 [J]. 教育与职业，2022（11）：13-20.

[60] 沈钰，韩永强. 协同学视域下技术技能人才供给与区域经济效益协同度测量 [J]. 职业技术教育，2021，42（1）：32-37.

[61] 沈中彦，方向阳. 高质量发展背景下增强职业教育适应性的价值取向与实践路径 [J]. 教育与职业，2022（14）：5-12.

[62] 石洋，黄勇辉. 我国职业教育的未来走向：基于技能社会建设 [J]. 社会科学家，2022（12）：140-146.

[63] 四川省工学一体化技能人才培养模式工作启动会暨技工院校工学一体化教师培训班在成都举行 [J]. 四川劳动保障，2022（10）：4-5.

[64] 孙翠香. 高职本科技术技能型人才培养：现实观照与未来审视

［J］．职教论坛，2018（4）：24-32.

［65］孙小恒，吴永恒．新时代"工匠精神"的正名、反思与重塑［J］．中国职业技术教育，2019（13）：37-42.

［66］覃文俊，王煜琴．经济新常态下高技术技能人才培养供给侧改革研究［J］．中国高校科技，2020（6）：71-74.

［67］汪斌．推动现代职业教育高质量发展的实施方略［J］．教育与职业，2022（13）：36-41.

［68］王保华，谷俊明．职业教育适应性：内涵、困境与发展理路：基于同步激励理论的分析［J］．国家教育行政学院学报，2022（11）：29-39.

［69］王菲．国外高技能人才培养经验对我国的启示与借鉴［J］．北京市工会干部学院学报，2018，33（2）：58-64.

［70］王建梁，卢宇峥．澳大利亚技能人才培养质量监管探析：以澳大利亚技能质量署为中心［J］．职业技术教育，2021，42（19）：67-72.

［71］王江涛．日本职业教育体系的历史溯源及其现代化启示［J］．中国职业技术教育，2013（30）：66-72.

［72］王胜炳．技能型社会建设背景下高技能人才培养的省域探索［J］．中国职业技术教育，2021（28）：38-44.

［73］王星．技能形成、技能形成体制及其经济社会学的研究展望［J］．学术月刊，2021，53（7）：132-143.

［74］温锋华，武雪儿．中国高技能人才省际迁移特征及对地方创新的影响研究［J］．城市观察，2022（5）：66-79，161-162.

［75］吴春花，陶文彬．德国"双元制"及对职业院校人才培养的借鉴［J］．中国高等教育，2022（23）：63-64.

［76］吴扬，谢莉花．德国"双元制"职业教育职业资格考试分析：兼谈对我国"X"证书发展的启示［J］．职业技术教育，2021，42（34）：66-72.

［77］谢珺，邓卓．英国《技能与16岁后教育法》的理性追问：为何、何为与可为［J］．教育与职业，2022（18）：80-86.

[78] 徐峰, 范栖银. 瑞士中等职业教育发展: 现状、挑战及启示 [J]. 职教论坛, 2021, 37 (1): 171-176.

[79] 徐坚. 国家主义技能形成制度中高职院校发展困境及现实路径 [J]. 职教论坛, 2019 (3): 24-30.

[80] 鄢彩玲. 建设职业教育本科的问题与解决思路探索: 基于德国经验借鉴 [J]. 中国电化教育, 2021 (12): 65-71.

[81] 杨成明. 企业高技能人才向职业教育教师的转换: 现实挑战与实现机制: 基于美国经验的分析 [J]. 教师教育研究, 2018, 30 (3): 114-120.

[82] 杨磊, 朱德全. 职业本科教育的"中国模式"探索: 基于德国、英国、日本实践经验的启示 [J]. 中国电化教育, 2022 (8): 51-60.

[83] 杨莉. 职业院校校企协同培育高素质技能人才的困境与路径 [J]. 湖南工业职业技术学院学报, 2023, 23 (2): 105-109.

[84] 杨林, 李向阳. 高职院校高技能人才培养的三重转换: 以四川航天职业技术学院高技能人才培养的探索为例 [J]. 教育科学论坛, 2018 (27): 24-28.

[85] 易陟, 杨萍. 培养"定制"技能人才探索现代学徒制"四川样本" [J]. 经营管理者, 2019 (1): 54-57.

[86] 余静, 李梦卿. 技能型社会建设背景下技术技能人才培养研究 [J]. 教育与职业, 2022 (9): 13-20.

[87] 张弛, 赵良伟, 张磊. 技能社会: 技能形成体系的社会化建构路径 [J]. 职业技术教育, 2021, 42 (13): 6-11.

[88] 张东. 新时期技工院校人才培养质量的提升路径 [J]. 中国人才, 2020 (9): 7-9.

[89] 张培, 夏海鹰. 技能型社会建设: 瓶颈、思路与路径 [J]. 职业技术教育, 2022, 43 (31): 28-34.

[90] 张翔如. 日本外劳政策调整对我国的影响及应对 [J]. 国际经济合作, 2022 (6): 71-81, 89.

［91］张学英，张东. 技能型社会的内涵、功能与核心制度［J］. 职教论坛，2022，38（1）：35-41.

［92］张燕军，尹媛. 英国约翰逊政府高技能人才培养政策的社会学制度主义分析［J］. 职业技术教育，2022，43（4）：73-79.

［93］张玉芳. 培养高技能人才　打造技能四川［J］. 四川劳动保障，2019（6）：10-12.

［94］张元宝. 技能型社会建设的教育支持研究［J］. 职业技术教育，2021，42（25）：54-60.

［95］中共中央办公厅　国务院办公厅印发《关于加强新时代高技能人才队伍建设的意见》［J］. 教育科学论坛，2022（30）：3-6.

［96］周菲菲. 日本的工匠精神传承及其当代价值［J］. 日本学刊，2019（6）：135-159.

［97］周蒋浒. 新时代职业教育校企协同育人的价值意蕴与实施路径［J］. 教育与职业，2021（17）：40-44.

［98］朱少义. 职业教育赋能技能型社会建设的应然向度和策略选择［J］. 职业技术教育，2022，43（10）：13-19.

［99］左和平，李秉强，余静. 制造业技能人才工匠精神的测评与影响因素实证研究［J］. 教育与经济，2022，38（4）：12-20，39.

［100］ALEXANDER SALVISBERG, STEFAN SACCHI. Labour market prospects of swiss career entrants after completion of vocational education and training［J］. European Socities, 2014（16）：255-274.

［101］BEUGELSDIJK S. Strategic human resource practices and product innovation［J］. Organization Studies, 2008, 29（6）：821-848.

［102］FLECKENSTEIN T, LEE S C. Caught up in the past? social inclusion, skills, and vocational education and taining policy in England［J］. Journal of Education and Work, 2018, 31（2）：109-124.

［103］GUPTA A K, SINGHAL A. Managing human resources for innovation and creativity［J］. Research-Technology Management, 2016, 36（3）：41-48.

［104］ JESUS PERDOMO ORTIZ, JAVIER GONZALEZ BENITO, JESUS GALENDE. An analysis of the relationship between total quality management - based human resource management practices and innovation ［J］. International Journal of Human Resource Management, 2009, 20 (5): 1191-1218.

［105］ LARA FORSBLOM, LUCIO NEDRINI, JEAN-LUC GURNER, et al. Dropouts in Swiss vocational education and the effect of training companies trainee selection methods ［J］ Journal of Vocational Education, Training, 2016 (68): 399-415.

［106］ LAURENTILLTTAZ. Dropping out of apprenticeship programs: evidence from the Swiss vocational education system and methodological perspectives for research ［J］. International Journal of Training Research, 2010 (8): 141-153.

［107］ LAURENTILLTTAZ. Collective guidance at work: a resource for apprentices? ［J］ Journal of Vocational Education, Training, 2011 (3): 45-504.

［108］ MIN Y L, A S S K. Vocational education and training for older workers in aged countries: a comparative study of Korea, Spain, and the UK ［J］. International Journal of Trade and Global Markets, 2021, 14 (3): 1.

［109］ PAMH, RON T. "Generic pedagogy is not enough": teacher educators and subject-specialist pedagogy in the further education and skills sector in England ［J］. Teaching and Teacher Education, 2021 (98): 103-233.

［110］ THI L T, RINOS P. The nature of teacher professional development in Australian international vocational education ［J］. Journal of Further and Higher Education, 2021, 45 (1): 16-29.

［111］ VIROLAINEN M H, MARJA-LEENA S. The current state and challenges of vocational education and training in Finland ［J］ Nord VET, Roskilde University, 2015, 2 (1): 4173-4567.

［112］ VIROLAINEN M H, MARJA-LEENA S. The history of finnish vocational education and training ［J］. Nord-VET, Roskilde University, 2014, 10: 107.

［113］ VITANEN A, TYNJALA P. Students' experiences of workplace learning in finnish VET ［J］. European Journal of Vocational Training, 2008, 44: 199-213.

附录一：技术技能型人才职业认同调查问卷

尊敬的先生（女士）：

您好！我们是四川省人社厅技术技能型人才职业认同研究课题组，正在进行一个关于技术技能型人才职业认同的研究项目。非常感谢您在百忙之中填写这套问卷。请您认真阅读每一道题目，并根据自己的实际感受回答。评价范围为1~5分，代表对问题描述同意程度的逐渐增加，即"1"代表完全不同意，"5"代表完全同意。问卷仅用于课题研究，我们对有关信息会严格保密，请您放心作答。

非常感谢您的支持。祝您工作顺利，家庭幸福！

如有疑问请联系：

第一部分：您的基本信息（请在选项处打"√"或者填上数字）

1. 性别：① 男　　② 女

2. 年龄：_____周岁

3. 民族：_____族

4. 户籍所在地：①城市　　②农村　　③城乡接合区域

5. 所学专业志愿选择属于：①自主选择　②父母和他人意愿　③调剂专业

第二部分：以下是您对所学专业的描述，每个描述后有 5 个选项，他们代表的程度是依次递增的，请在最符合的数字上打"√"。

序号	请选择最符合自己真实情形的答案,在相应的数字上打"√"	非常不同意	比较不同意	不确定	比较同意	非常同意
1	我对所学的专业学科非常了解	①	②	③	④	⑤
2	我了解所学专业的就业状况	①	②	③	④	⑤
3	我认为我所学的专业具有很强的专业性	①	②	③	④	⑤
4	我老师认为我所学的专业有很好的发展前景	①	②	③	④	⑤
5	我认为所学专业是一个受人尊重的专业	①	②	③	④	⑤
6	我父母认为我所学的专业有很好的发展前景	①	②	③	④	⑤
7	我认为我所学的专业是有价值的	①	②	③	④	⑤
8	我父母认为我所学的专业是有价值的	①	②	③	④	⑤
9	我很喜欢我所学的专业	①	②	③	④	⑤
10	我会很认真的完成我所有的学业	①	②	③	④	⑤
11	我愿意从事与所学专业相近相关的职业	①	②	③	④	⑤
12	我对所学专业的发展前景很有信心	①	②	③	④	⑤
13	我的老师认为我所学的专业是有价值的	①	②	③	④	⑤

第三部分：以下对您对所学专业有关职业的描述，每个描述后有 5 个选项，他们代表的程度是依次递增的，请在最符合的数字上打"√"。

序号	请选择最符合自己真实情形的答案,在相应的数字上打"√"	非常不同意	比较不同意	不确定	比较同意	非常同意
1	我对所学专业对应的职业十分了解	①	②	③	④	⑤
2	学习好专业知识对职业发展十分重要	①	②	③	④	⑤
3	我所学专业对应的职业对社会发展有重要意义	①	②	③	④	⑤

序号	请选择最符合自己真实情形的答案,在相应的数字上打"√"	非常不同意	比较不同意	不确定	比较同意	非常同意
4	我的父母认为我未来从事与所学专业有关的职业很有意义	①	②	③	④	⑤
5	我认为从事所学专业对应的职业会受人尊重	①	②	③	④	⑤
6	我认为从事所学专业对应的职业能有好的工作环境与条件	①	②	③	④	⑤
7	我的老师认为我未来从事与所学专业有关的职业很有意义	①	②	③	④	⑤
8	我认为所学专业对应的职业是有价值的职业	①	②	③	④	⑤
9	我期待以后能从事与所学专业相关的职业	①	②	③	④	⑤
10	我的父母希望我未来从事与所学专业有关的职业	①	②	③	④	⑤
11	如果毕业后有自主选择,我会优先选择与所学专业有关的职业	①	②	③	④	⑤
12	如果以后有机会更换工作,我也不会放弃所学专业有关的职业	①	②	③	④	⑤
13	我愿意终身从事与所学专业有关的职业	①	②	③	④	⑤
14	我的老师希望我未来从事与所学专业有关的职业	①	②	③	④	⑤
15	我的老师认为从事与所学专业有关的职业可以实现我的人生价值	①	②	③	④	⑤
16	我会为从事与所学专业有关的职业而感到自豪	①	②	③	④	⑤
17	我认为从事与所学专业有关的职业可以实现我的人生价值	①	②	③	④	⑤
18	我的父母认为从事与所学专业有关的职业可以实现我的人生价值	①	②	③	④	⑤

　　第四部分:以下对您对个人未来职业的描述,每个描述后有5个选项,他们代表的程度是依次递增的,请在最符合的数字上打"√"。

序号	请选择最符合自己真实情形的答案,在相应的数字上打"√"	非常不同意	比较不同意	不确定	比较同意	非常同意
1	我有清晰的职业生涯规划	①	②	③	④	⑤
2	我有明确的就业目标	①	②	③	④	⑤
3	我在择业时会很容易受到周围人们的看法影响	①	②	③	④	⑤
4	我对未来的工资有明确的期望	①	②	③	④	⑤
5	我对未来的职位有明确的期望	①	②	③	④	⑤
6	我觉得我未来从事的工作是体面的	①	②	③	④	⑤
7	我的父母希望我未来从事体面的工作	①	②	③	④	⑤
8	我了解自己的能力,并知道自己适合什么职业	①	②	③	④	⑤
9	我希望未来从事的企业可以提供培训机会	①	②	③	④	⑤
10	在同等的薪酬水平下,我在择业时会更加注重我在公司中的发展机会	①	②	③	④	⑤
11	我认为好的工作氛围对我的工作积极性有正向影响	①	②	③	④	⑤
12	我会很在意公司的后勤保障	①	②	③	④	⑤
13	我希望未来从事的公司能有畅通的沟通渠道,使重要的信息在公司十分自由地传递	①	②	③	④	⑤
14	我希望未来从事的公司能有规范化的管理制度	①	②	③	④	⑤
15	确定了工作后,我不会轻易跳槽	①	②	③	④	⑤
16	我的父母认为工作后不能轻易跳槽	①	②	③	④	⑤
17	我认为我很容易对单位产生强烈的认同感	①	②	③	④	⑤
18	我认为我所拥有的技能可用于公司之外的其他工作	①	②	③	④	⑤

——本问卷到此结束,恳请您再检查一遍有无漏答的题目——

非常感谢!

附录二：技术技能型人才职业发展调查问卷

尊敬的先生（女士）：

您好！我们是四川省人社厅技术技能型人才职业发展研究课题组，正在进行一个关于技术技能型人才职业发展的研究项目。非常感谢您百忙中填写这套问卷。请您认真阅读每一道题目，并根据自己的实际感受回答。评价范围为1—5分，代表对问题描述同意程度的逐渐增加，即"1"代表完全不同意，"5"代表完全同意。问卷仅用于课题研究，我们对有关信息会严格保密，请您放心作答。

非常感谢您的支持。祝您工作顺利，家庭幸福！

如有疑问请联系：

第一部分：您的基本信息（请在选项处打"√"或者填上数字）

1. 性别：① 男　　② 女

2. 年龄：＿＿＿＿＿＿＿周岁

3. 学历：①高中及以下　②职业高中　③大学专科　　④大学本科⑤研究生

4. 所在单位性质：①政府机构　②事业单位　③国有企业④民营企业　⑤外资企业

5. 您单位所处的行业：①制造业　②建筑业

③交通运输、仓储和邮政业

④电力、热力、燃气及水生产和供应业

⑤信息传输、软件和信息技术服务业

⑥居民服务、修理和其他服务业　⑦其他

6. 您在本单位工作的时间：＿＿＿＿＿＿＿ 年

7. 您在本行业工作的时间：＿＿＿＿＿＿＿ 年

第二部分：以下请根据您的实际情况，每个描述后有 5 个选项，它们代表的程度是依次递增的，请在最符合的数字上打"√"。

序号	请选择最符合自己真实情形的答案,在相应的数字上打"√"	非常不同意	比较不同意	不确定	比较同意	非常同意
1	我比较清楚以后我要干什么工作	①	②	③	④	⑤
2	我在选择工作时有明确的目标	①	②	③	④	⑤
3	我对以后工作能拿到多少钱、在什么职位有明确的想法	①	②	③	④	⑤
4	我可以把身边的各种资源、人脉利用起来,去找到以后我想从事的工作	①	②	③	④	⑤
5	我了解自己的能力,知道自己适合什么工作	①	②	③	④	⑤
6	我知道达到自己的工作目标需要哪些能力	①	②	③	④	⑤
7	我基本没有想过要离开现在的工作单位	①	②	③	④	⑤
8	我计划长期在这个单位工作	①	②	③	④	⑤
9	我的家人希望我可以在这个单位长期工作	①	②	③	④	⑤
10	对目前的工作我很满意,没有换新单位的想法	①	②	③	④	⑤
11	未来半年,我很可能离开目前这个单位	①	②	③	④	⑤
12	我的朋友认为我应该长期在这个单位工作	①	②	③	④	⑤
13	我和单位的关系很紧密	①	②	③	④	⑤
14	我希望我的孩子以后也能够干这个工作	①	②	③	④	⑤
15	我对单位有强烈的归属感,把单位当成自己的家	①	②	③	④	⑤
16	在这家单位工作让我很自豪	①	②	③	④	⑤

序号	请选择最符合自己真实情形的答案,在相应的数字上打"√"	非常不同意	比较不同意	不确定	比较同意	非常同意
17	我的家人很支持我在这家单位上班	①	②	③	④	⑤
18	我对目前这家单位很认可	①	②	③	④	⑤
19	我的朋友认为我现在的工作是有意义的	①	②	③	④	⑤
20	我觉得在这个单位上班很荣幸	①	②	③	④	⑤
21	我愿意推荐朋友和亲戚来这个单位上班	①	②	③	④	⑤
22	我的家人认为我的这份工作是有价值的	①	②	③	④	⑤

第三部分：以下对您对工作整体感受描述，每个描述后有 5 个选项，它们代表的程度是依次递增的，请在最符合的数字上打"√"。

序号	请选择最符合自己真实情形的答案,在相应的数字上打"√"	非常不同意	比较不同意	不确定	比较同意	非常同意
1	我在其他公司也可以找到我能干的工作	①	②	③	④	⑤
2	公司领导愿意招聘跟我能力和工作经历相似的员工	①	②	③	④	⑤
3	我可以得到新的学习机会，让自己更容易在其他公司找到工作	①	②	③	④	⑤
4	我能轻松地在其他公司获得一份类似的工作	①	②	③	④	⑤
5	我从当前工作中学到的技能可以用来做公司之外的其他工作	①	②	③	④	⑤
6	我在公司的人际交往，对我的工作有所帮助	①	②	③	④	⑤
7	与我同岗位、干一样工作的同事相比，我可以获得更多别人的尊重	①	②	③	④	⑤
8	即使公司要辞退一些人，我觉得自己也可以留下来	①	②	③	④	⑤
9	我认为做好这个工作是需要有专业的能力	①	②	③	④	⑤
10	我所在的工作环境不会让我觉得不舒服	①	②	③	④	⑤
11	在公司和同事相处会让我更加愿意工作	①	②	③	④	⑤
12	在公司和老板的相处会让我更加愿意工作	①	②	③	④	⑤

序号	请选择最符合自己真实情形的答案,在相应的数字上打"√"	非常不同意	比较不同意	不确定	比较同意	非常同意
13	公司各部门间大家是团结尊重、齐心协力的	①	②	③	④	⑤
14	我每天在干完活之后,可以有其他时间做自己的事情	①	②	③	④	⑤
15	由于工作任务太多太累,我经常加班	①	②	③	④	⑤
16	我对公司安排的宿舍条件比较满意	①	②	③	④	⑤
17	我对公司提供的餐饮服务比较满意	①	②	③	④	⑤
18	当我在生活上遇到问题时,公司会积极帮我解决	①	②	③	④	⑤

第四部分:以下对您对工作环境不确定性感受的描述,每个描述后有5个选项,它们代表的程度是依次递增的,请在最符合的数字上打"√"。

序号	请选择最符合自己真实情形的答案,在相应的数字上打"√"	非常不同意	比较不同意	不确定	比较同意	非常同意
1	我所在部门的工作环境经常会遇到很多问题	①	②	③	④	⑤
2	我所在部门的工作环境经常会变化	①	②	③	④	⑤
3	我所在部门的工作环境经常会对工作做出改变	①	②	③	④	⑤

——本问卷到此结束,恳请您再检查一遍是否存在没有作答的题目——

非常感谢!

附录三：关于技术技能型人才的
重要政策

一、国家级

《关于加强新时代高技能人才队伍建设的意见》

技能人才是支撑中国制造、中国创造的重要力量。加强高级工以上的高技能人才队伍建设，对巩固和发展工人阶级先进性，增强国家核心竞争力和科技创新能力，缓解就业结构性矛盾，推动高质量发展具有重要意义。为贯彻落实党中央、国务院决策部署，加强新时代高技能人才队伍建设，现提出如下意见。

一、总体要求

（一）指导思想。以习近平新时代中国特色社会主义思想为指导，深入贯彻党的十九大和十九届历次全会精神，全面贯彻习近平总书记关于做好新时代人才工作的重要思想，坚持党管人才，立足新发展阶段，贯彻新发展理念，服务构建新发展格局，推动高质量发展，深入实施新时代人才强国战略，以服务发展、稳定就业为导向，大力弘扬劳模精神、劳动精神、工匠精神，全面实施"技能中国行动"，健全技能人才培养、使用、评价、激励制度，构建党委领导、政府主导、政策支持、企业主体、社会参与的高技能人才工作体系，打造一支爱党报国、敬业奉献、技艺精湛、素质优良、规模宏大、结构合理的高技能人才队伍。

（二）目标任务。到"十四五"时期末，高技能人才制度政策更加健全、培养体系更加完善、岗位使用更加合理、评价机制更加科学、激励保障更加有力，尊重技能尊重劳动的社会氛围更加浓厚，技能人才规模不断壮大、素质稳步提升、结构持续优化、收入稳定增加，技能人才占就业人员的比例达到30%以上，高技能人才占技能人才的比例达到1/3，东部省份高技能人才占技能人才的比例达到35%。力争到2035年，技能人才规模持续壮大、素质大幅提高，高技能人才数量、结构与基本实现社会主义现代化的要求相适应。

二、加大高技能人才培养力度

（三）健全高技能人才培养体系。构建以行业企业为主体、职业学校（含技工院校，下同）为基础、政府推动与社会支持相结合的高技能人才培养体系。行业主管部门和行业组织要结合本行业生产、技术发展趋势，做好高技能人才供需预测和培养规划。鼓励各类企业结合实际把高技能人才培养纳入企业发展总体规划和年度计划，依托企业培训中心、产教融合实训基地、高技能人才培训基地、公共实训基地、技能大师工作室、劳模和工匠人才创新工作室、网络学习平台等，大力培养高技能人才。国有企业要结合实际将高技能人才培养规划的制定和实施情况纳入考核评价体系。鼓励各类企业事业组织、社会团体及其他社会组织以独资、合资、合作等方式依法参与举办职业教育培训机构，积极参与承接政府购买服务。对纳入产教融合型企业建设培育范围的企业兴办职业教育符合条件的投资，可依据有关规定按投资额的30%抵免当年应缴教育费附加和地方教育附加。

（四）创新高技能人才培养模式。探索中国特色学徒制。深化产教融合、校企合作，开展订单式培养、套餐制培训，创新校企双制、校中厂、厂中校等方式。对联合培养高技能人才成效显著的企业，各级政府按规定予以表扬和相应政策支持。完善项目制培养模式，针对不同类别不同群体高技能人才实施差异化培养项目。鼓励通过名师带徒、技能研修、岗位练兵、技能竞赛、技术交流等形式，开放式培训高技能人才。建立技能人才继续教育制度，推广求学圆梦行动，定期组织开展研修交流活动，促进技能人才知识更新与技术创新、工艺改造、产业优化升级要求相适应。

（五）加大急需紧缺高技能人才培养力度。围绕国家重大战略、重大工程、重大项目、重点产业对高技能人才的需求，实施高技能领军人才培育计划。支持制造业企业围绕转型升级和产业基础再造工程项目，实施制造业技能根基工程。围绕建设网络强国、数字中国，实施提升全民数字素养与技能行动，建立一批数字技能人才培养试验区，打造一批数字素养与技能提升培训基地，举办全民数字素养与技能提升活动，实施数字教育培训资源开放共享行动。围绕乡村振兴战略，实施乡村工匠培育计划，挖掘、保护和传承民间传统技艺，打造一批"工匠园区"。

（六）发挥职业学校培养高技能人才的基础性作用。优化职业教育类型、院校布局和专业设置。采取中等职业学校和普通高中同批次并行招生等措施，稳定中等职业学校招生规模。在技工院校中普遍推行工学一体化技能人才培养模式。允许职业学校开展有偿性社会培训、技术服务或创办企业，所取得的收入可按一定比例作为办学经费自主安排使用；公办职业学校所取得的收入可按一定比例作为绩效工资来源，用于支付本校教师和其他培训教师的劳动报酬。合理保障职业学校师资受公派临时出国（境）参加培训访学、进修学习、技能交流等学术交流活动相关费用。切实保障职业学校学生在升学、就业、职业发展等方面与同层次普通学校学生享有平等机会。实施现代职业教育质量提升计划，支持职业学校改善办学条件。

（七）优化高技能人才培养资源和服务供给。实施国家乡村振兴重点帮扶地区职业技能提升工程，加大东西部协作和对口帮扶力度。健全公共职业技能培训体系，实施职业技能培训共建共享行动，开展县域职业技能培训共建共享试点。加快探索"互联网+职业技能培训"，构建线上线下相结合的培训模式。依托"金保工程"，加快推进职业技能培训实名制管理工作，建立以社会保障卡为载体的劳动者终身职业技能培训电子档案。

三、完善技能导向的使用制度

（八）健全高技能人才岗位使用机制。企业可设立技能津贴、班组长津贴、带徒津贴等，支持鼓励高技能人才在岗位上发挥技能、管理班组、带徒传技。鼓励企业根据需要，建立高技能领军人才"揭榜领题"以及参与重大生产决策、重大技术革新和技术攻关项目的制度。实行"技师+工程师"等团队合作模式，在科研和技术攻关中发挥高技能人才创新能力。鼓励支持高技能人才兼任职业学校实习实训指导教师。注重青年高技能人才选用。高技能人才配置状况应作为生产经营性企业及其他实体参加重大工程项目招投标、评优和资质评估的重要因素。

（九）完善技能要素参与分配制度。引导企业建立健全基于岗位价值、能力素质和业绩贡献的技能人才薪酬分配制度，实现多劳者多得、技高者多得，促进人力资源优化配置。国有企业在工资分配上要发挥向技能人才倾斜的示范作用。完善企业薪酬调查和信息发布制度，鼓励有条件的地区发布分职业（工种、岗位）、分技能等级的工资价位信息，为企业与技能人才协商确定工资水平提供信息参考。用人单位在聘的高技能人才在学习进修、岗位聘任、职务晋升、工资福利等方面，分别比照相应层级专业技术人员享受同等待遇。完善科技成果转化收益分享机制，对在技术革新或技术攻关中作出突出贡献的高技能人才给予奖励。高技能人才可实行年薪制、协议工资制，企业可对作出突出贡献的优秀高技能人才实行特岗特酬，鼓励符合条件的企业积极运用中长期激励工具，加大对高技能人才的激励力度。畅通为高技能人才建立企业年金的机制，鼓励和引导企业为包括高技能人才在内的职工建立企业年金。完善高技能特殊人才特殊待遇政策。

（十）完善技能人才稳才留才引才机制。鼓励和引导企业关心关爱技能人才，依法保障技能人才合法权益，合理确定劳动报酬。健全人才服务体系，促进技能人才合理流动，提高技能人才配置效率。建立健全技能人才柔性流动机制，鼓励技能人才通过兼职、服务、技术攻关、项目合作等方式更好发挥作用。畅通高技能人才向专业技术岗位或管理岗位流动渠道。引导企业规范开展共享用工。支持各地结合产业发展需求实际，将急需紧缺技能人才纳入人才引进目录，引导技能人才向欠发达地区、基层一线流动。支持各地将高技能人才纳入城市直接落户范围，高技能人才的配偶、子女按有关规定享受公共就业、教育、住房等保障服务。

四、建立技能人才职业技能等级制度和多元化评价机制

（十一）拓宽技能人才职业发展通道。建立健全技能人才职业技能等级制度。对设有高级技师的职业（工种），可在其上增设特级技师和首席技师技术职务（岗位），在初级工之下补设学徒工，形成由学徒工、初级工、中级工、高级工、技师、高级技师、特级技师、首席技师构成的"八级工"职业技能等级（岗位）序列。鼓励符合条件的专业技术人员按有关规定申请参加相应职业（工种）的职业技能评价。支持各地面向符合条件的技能人才招聘事业单位工作人员，重视从技能人才中培养选拔党政干部。建立职业资格、职业技能等级与相应职称、学历的双向比照认定制度，推进学历教育学习成果、非学历教育学习成果、职业技能等级学分转换互认，建立国家资历框架。

（十二）健全职业标准体系和评价制度。健全符合我国国情的现代职业分类体系，完善新职业信息发布制度。完善由国家职业标准、行业企业评价规范、专项职业能力考核规范等构成的多层次、相互衔接的职业标准体系。探索开展技能人员职业标准国际互通、证书国际互认工作，各地可建立境外技能人员职业资格认可清单制度。健全以职业资格评价、职业技能等级认定和专项职业能力考核等为主要内容的技能人才评价机制。完善以职业能力为导向、以工作业绩为重点，注重工匠精神培育和职业道德养成的技能人才评价体系，推动职业技能评价与终身职业技能培训制度相适应，与使用、待遇相衔接。深化职业资格制度改革，完善职业资格目录，实行动态调整。围绕新业态、新技术和劳务品牌、地方特色产业、非物质文化遗产传承项目等，加大专项职业能力考核项目开发力度。

（十三）推行职业技能等级认定。支持符合条件的企业自主确定技能人才评价职业（工种）范围，自主设置岗位等级，自主开发制定岗位规范，自主运用评价方式开展技能人才职业技能等级评价；企业对新招录或未定级职工，可根据其日常表现、工作业绩，结合职业标准和企业岗位规范要求，直接认定相应的职业技能等级。打破学历、资历、年龄、比例等限制，对技能高超、业绩突出的一线职工，可直接认定高级工以上职业技能等级。对解决重大工艺技术难题和重大质量问题、技术创新成果获得省部级以上奖项、"师带徒"业绩突出的高技能人才，可破格晋升职业技能等级。推进"学历证书+若干职业技能证书"制度实施。强化技能人才评价规范管理，加大对社会培训评价组织的征集遴选力度，优化遴选条件，构建政府监管、机构自律、社会监督的质量监督体系，保障评价认定结果的科学性、公平性和权威性。

（十四）完善职业技能竞赛体系。广泛深入开展职业技能竞赛，完善以世界技能大赛为引领、全国职业技能大赛为龙头、全国行业和地方各级职业技能竞赛以及专项赛为主体、企业和院校职业技能比赛为基础的中国特色职业技能竞赛体系。依托现有资源，加强世界技能大赛综合训练中心、研究（研修）中心、集训基地等平台建设，推动世界技能大赛成果转化。定期举办全国职业技能大赛，推动省、市、县开展综合性竞赛活动。鼓励行业开展特色竞赛活动，举办乡村振兴职业技能大赛。举办世界职业院校技能大赛、全国职业院校技能大赛等职业学校技能竞赛。健全竞赛管理制度，推行"赛展演会"结合的办赛模式，建立政府、企业和社会多方参与的竞赛投入保障机制，加强竞赛专兼职队伍建设，提高竞赛科学化、规范化、专业化水平。完善并落实竞赛获奖选手表彰奖励、升学、职业技能等级晋升等政策。鼓励企业对竞赛获奖选手建立与岗位使用及薪酬待遇挂钩的长效激励机制。

五、建立高技能人才表彰激励机制

（十五）加大高技能人才表彰奖励力度。建立以国家表彰为引领、行业企业奖励为主体、社会奖励为补充的高技能人才表彰奖励体系。完善评选表彰中华技能大奖获得者和全国技术能手制度。国家级荣誉适当向高技能人才倾斜。加大高技能人才在全国劳动模范和先进工作者、国家科学技术奖等相关表彰中的评选力度，积极推荐高技能人才享受政府特殊津贴，对符合条件的高技能人才按规定授予五一劳动奖章、青年五四奖章、青年岗位能手、三八红旗手、巾帼建功标兵等荣誉，提高全社会对技能人才的认可认同。

（十六）健全高技能人才激励机制。加强对技能人才的政治引领和政治吸纳，注重做好党委（党组）联系服务高技能人才工作。将高技能人才纳入各地人才分类目录。注重依法依章程推荐高技能人才为人民代表大会代表候选人、政治协商会议委员人选、群团组织代表大会代表或委员会委员候选人。进一步提高高技能人才在职工代表大会中的比例，支持高技能人才参与企业管理。按照有关规定，选拔推荐优秀高技能人才到工会、共青团、妇联等群团组织挂职或兼职。建立高技能人才休假疗养制度，鼓励支持分级开展高技能人才休假疗养、研修交流和节日慰问等活动。

六、保障措施

（十七）强化组织领导。坚持党对高技能人才队伍建设的全面领导，确保正确政治方向。各级党委和政府要将高技能人才工作纳入本地区经济社会发展、人才队伍建设总体部署和考核范围。在本级人才工作领导小组统筹协调下，建立组织部门牵头抓总、人力资源社会保障部门组织实施、有关部门各司其职、行业企业和社会各方广泛参与的高技能人才工作机制。各地区各部门要大力宣传技能人才在经济社会发展中的作用和贡献，进一步营造重视、关心、尊重高技能人才的社会氛围，形成劳动光荣、技能宝贵、创造伟大的时代风尚。

（十八）加强政策支持。各级政府要统筹利用现有资金渠道，按规定支持高技能人才工作。企业要按规定足额提取和使用职工教育经费，60%以上用于一线职工教育和培训。落实企业职工教育经费税前扣除政策，有条件的地方可探索建立省级统一的企业职工教育经费使用管理制度。各地要按规定发挥好有关教育经费等各类资金作用，支持职业教育发展。

（十九）加强技能人才基础工作。充分利用大数据、云计算等新一代信息技术，加强技能人才工作信息化建设。建立健全高技能人才库。加强高技能人才理论研究和成果转化。大力推进符合高技能人才培养需求的精品课程、教材和师资建设，开发高技能人才培养标准和一体化课程。加强国际交流合作，推动实施技能领域"走出去""引进来"合作项目，支持青年学生、毕业生参与青年国际实习交流计划，推进与各国在技能领域的交流互鉴。

二、四川省

《"技能四川行动"实施方案》

习近平总书记指出，技术工人队伍是支撑中国制造、中国创造的重要力量。为深入学习习近平总书记对技能人才工作的重要指示精神，贯彻中共中央办公厅、国务院办公厅《关于加强新时代高技能人才队伍建设的意见》，落实人力资源和社会保障部"技能中国行动"部署，特制定本实施方案。

一、指导思想

以习近平新时代中国特色社会主义思想为指导，全面贯彻党的二十大精神，坚持党管人才、服务发展、改革创新、需求导向原则，健全技能人才培养、使用、评价、激励制度，着力强基础、优结构，扩规模、提质量，建机制、增活力，大力实施人才强省战略和就业优先战略。加快"技能四川"建设，大力培养规模宏大的"技能川军"，为四川率先建成西部制造强省和"中国制造"西部高地提供强有力的技能人才保障。

二、基本原则

（一）坚持党管人才。加强党对技能人才工作的领导，强化行业企业主体作用，吸引社会力量积极参与，构建在党委领导下，政府主导、政策支持，行业企业、院校、社会力量共同参与的技能人才工作新格局。

（二）坚持深化改革。发挥市场在人力资源配置中的决定性作用，聚焦制约技能人才工作的短板弱项，完善政策措施体系，不断创新技能人才发展体制机制，持续推进技能人才供给侧结构性改革。

（三）坚持服务发展。把握新发展阶段，贯彻新发展理念，构建新发展格局，紧贴四川发展需要和技能人才需求，改进和完善培养模式，加快培育支撑"四川制造""四川创造"的技能川军。

（四）坚持需求导向。围绕四川发展现代产业体系，着眼解决四川结构性就业矛盾，以提升就业技能和构建技能四川为引领，提升技能人才整体素质，围绕急需紧缺领域培养造就一支高素质技能人才队伍，助推四川高质量发展。

三、发展目标

（一）"十四五"时期新增技能人才 280 万人以上；至"十四五"末，全省技能人才占就业人员比例力争达到 30%，高技能人才在技能人才中的占比力争达到 30%。

（二）新建国家级高技能人才培训基地 20 个，国家级技能大师工作室 20 个；省级高技能人才培训基地 50 个，省级技能大师工作室 50 个，产业园区高技能人才培育基地 100 个。

（三）全省技工院校达到 120 所，在校学生累计达到 20 万人；建设国家级、省级优质技工院校不少于 15 所，优质专业数量达到 30 个，建成 10 个技师学院（职业培训）集团。

（四）建设职业技能大赛集训基地 30 个、探索评选一批办赛基地，争创全国、世界技能大赛集训基地。

（五）遴选培养 80 名卓越工程师、遴选 60 名天府工匠、遴选四川技能大师 100 人、四川省技术能手 250 人。

四、主要内容

（一）完善技能四川政策体系

1. 加强技能人才工作政策体系建设。以研究制定进一步加强新时代高技能人才队伍建设的实施意见为契机，加强技能人才统计分析，全面系统谋划技能人才发展目标、工作任务、政策制度、保障措施，完善相关配套政策措施，形成四川特色技能人才"1+N"政策制度体系。鼓励各地结合实际，创新实践，抓好各项政策措施落实，全面增强技能人才创新创造活力。

2. 健全终身职业技能培训体系。建立健全覆盖城乡全体劳动者、贯穿劳动者学习工作终身、适应就业创业和人才成长需要以及高质量发展需求的终身职业技能培训制度。构建以政府补贴培训、企业自主培训、市场化培训为主要供给，以高技能人才公共实训基地、技工院校、职业院校、职业培训机构和行业企业为主要载体，以就业技能培训、岗位技能提升培训和创业创新培训为主要形式的组织实施体系。加强数字技能培训，普及提升全民数字素养。积极参与开发、推广职业培训包，加强职业培训规范化、科学化管理。持续实施国家级、省级高技能人才培训基地、技能大师工作室建设项目。推动各地建设职业覆盖面广、地域特色鲜明的高技能人才培训基地、公共实训基地、技能大师工作室。

3. 完善技能人才多元评价体系。深化职业资格制度改革，完善职业技能等级制度，健全以职业资格评价、职业技能等级认定和专项职业能力考核等为主要内容的技能人才评价制度。健全完善科学化、社会化、多元化的技能人才评价体系。全面推行新八级工制度，支持企业将职业技能等级认定与岗位练兵、技术比武、新型学徒制、职工技能培训等各类活动相结合，建立与薪酬、岗位晋升相互衔接的职业技能等级制度。企业可根据岗位条件、职工日常表现、工作业绩等，参照有关规定直接认定职工职业技能等级。鼓励企业打破学历、身份、比例等限制，对掌握高超技能、业绩突出的一线职工，可按规定直接认定为高级工、技师、高级技师。加强技能人才评价监督管理，营造公开、公平、公正的技能人才评价环境。

4. 构建职业技能竞赛体系。完善以世界技能大赛、中华人民共和国职业技能大赛为引领、四川工匠杯职业技能大赛为龙头、全省行业职业技能竞赛和市（州）各级职业技能竞赛以及专项赛为主体、企业和院校职业技能比赛为基础的四川特色职业技能竞赛体系，不断提高职业技能竞赛的科学化、规范化、专业化水平。围绕四川重大战略、重大工程、重大项目、重点产业，统筹管理、定期举办各级各类职业技能竞赛活动。推广"赛、展、演、聘、会"结合的职业技能竞赛模式，鼓励和引导社会力量支持、参与办赛。推动市县积极举办综合性职业技能竞赛，加快培养专业化人才队伍，提高职业技能竞赛工作信息化水平。参与世界技能大赛中国集训基地、世界技能博物馆、世界技能能力建设中心、世界技能资源中心建设。建设职业技能大赛集训基地30个，推进省级职业技能竞赛研究中心和竞赛联盟建设，共建共享一批竞赛集训基地，加强职业技能竞赛集训、研修和成果转化。

（二）实施"技能提升"工程

5. 持续实施职业技能提升行动。面向企业职工和重点就业群体持续大规模开展职业技能培训，大力开展先进制造业产业工人技能培训，广泛开展新经济新业态新职业培训，提高劳动者适应技术变革和产业转型能力。紧贴经济社会发展，对接技能密集型产业，联合行业主管部门实施重点群体专项培训计划，扩大培训规模，提高培训层次。充分发挥大型企业和骨干院校的示范引领作用，推动产训深度融合。推行"互联网+"职业技能培训，鼓励推广应用虚拟仿真、人工智能等新技术，推动创新培训模式。大力推行企业新型学徒制培训、项目制培训和职业培训券。建立健全实名制培训信息管理系统和劳动者职业培训电子档案，推动培训信息与就业、社会保障信息联通共享。

6. 打造四川特色技能品牌。围绕省委省政府的重大战略部署和四川现代产业体系发展，着力打造"天府新农人""天府建筑工""川菜大师傅""天府技工""天府数智工匠"等一批辨识度高、有含金量、示范效应强的省级技能品牌。鼓励和支持各地（各行业）创新政策举措，创造必要条件，大规模培养急需紧缺高技能人才，示范带动本地区（行业）技能人才规模和质量整体提升，充分发挥其服务产业发展和促进高质量充分就业的支撑作用，增强四川特色技能品牌的社会影响力。

7. 深入开展乡村振兴专项行动。实施乡村振兴重点帮扶地区职业技能提升工程，新建、改（扩）建一批技工院校，规范发展一批职业培训机构，新建一批乡村振兴高技能人才培育基地；加快推进乡村振兴领域专项职业能力培训大纲开发、试题命制、培训考核工作；累计开展职业技能培训不少于 10 万人次（其中：劳务品牌培训 1 万人次），培养 1 万名高技能人才和乡村工匠。加大乡村振兴重点帮扶县技工教育和职业培训师资队伍建设和技术支持，组织一批院校"一帮一"结对帮扶凉山州易地扶贫搬迁集中安置点较集中的县开展职业技能培训。

8. 支持技能人才创业创新。支持各市（州）开展技能人才创业创新培训，对符合条件的高技能人才，按规定落实创业担保贷款级贴息政策，支持技能人才入驻创业孵化基地创办企业，鼓励金融机构提供创业担保、技能培训贷款。支持高技能人才参与省级基础研究、重点科研、企业工艺改造、产品研发中心等项目。鼓励技能人才专利创新。积极组织参与全国技工院校学生创业创新大赛，培育技工院校学生创业创新能力。

（三）实施重大平台建设工程

9. 大力发展技工教育。编制《四川省技工教育"十四五"发展规划》，完善技工教育教学管理等政策，优化技工院校结构和布局，提升办学质量和水平。推行"工学一体化"教学改革，建设一批全省技工教育（职业培训）师资培训中心，打造一批优质院校和专业，建设 10 个技师学院（职业培训）集团，推动技工教育向集团化、专业化、特色化方向发展。推动将技工院校纳入统一招生平台，持续加强技工院校招生宣传工作，稳定和扩大技工院校招生规模。支持技工院校建设成为集技工教育、公共实训、技师研修、竞赛集训、技能评价、就业指导等功能一体的技能人才培养综合平台。

10. 加强重点培养平台建设。 新建国家级高技能人才培训基地和技能大师工作室各 20 个，新建省级高技能人才培训基地和技能大师工作室各 50 个。鼓励各地建设本级高技能人才培训基地和技能大师工作室，健全项目梯次衔接和后续激励机制，持续发挥基地和工作室示范引领作用，加大高技能人才供给能力。创建一批公共实训基地，发挥区域辐射作用。

11. 推进创新平台建设。 持续推进西部高技能人才培育总部、西部工匠城、职业能力建设创新改革先行区建设。认定一批产业园区高技能人才培育基地和跨企业培训中心。会同相关行业主管部门，探索建设数字经济创新发展试验区、文化旅游产训联盟、现代农业产训联盟，助力重点产业发展。引导政企校通过"1+N+N+N"模式建设康养托育技能人才培训基地，加强康养托育紧缺技能人才培养。

（四）实施技能合作工程

12. 加强技能领域国际交流合作。 积极参与世界技能大赛和"一带一路"等国际技能交流合作项目。落实境外职业资格境内活动管理暂行办法，规范在我省开展的境外各类职业资格相关活动。根据技能人才队伍建设需要，结合实际推进我省职业资格证书国际互认工作。支持境外职业资格证书人员按规定参加职业资格评价或职业技能等级认定，促进技能人才流动。

13. 深化产训产教融合改革。 健全企校合作机制，把深化产训融合改革作为推进人力资源供给侧结构性改革的战略性任务。坚持产教融合、企校合作办学模式，推进产业、行业、企业、职业、专业深度融合。引导优质教育资源向产业功能区聚集，支持技工院校和企业、知名高校共建产业研究院、工程实验室、技术创新中心、科技成果转移转化中心，开展以应用技术研究为重点的技术服务，助力科技成果熟化和产业化。构建"人力资源服务+产业协同+技工教育"的技能人才培育四川新模式，提升技能人才培训和流动配置全链条服务供给效能。

14. 提升区域协同培养能力。围绕服务成渝地区双城经济圈建设，深化川渝职业能力建设协同发展，组织两省（市）有影响、有特色、有能力的企业、院校、机构采取共建共管共享模式，联合开展基础能力建设，提升区域技能人才协同培育能力。加快推进成德眉资技能人才队伍建设同城化，扩大技能人才队伍规模。支持市（州）共建紧缺职业（工种）信息共享、产训融合企校合作等平台，提升区域技能人才工作合作水平。

（五）实施技能评价改革工程

15. 加强四川职业技能标准体系建设。以新职业、新工种为重点，围绕川酒、川茶、川菜等行业，新开发 100 个四川特色专项职业能力考核规范，每年形成包括 10 个评价标准（规范）和 20 个评价题库在内的 30 个紧缺技术资源建设成果。积极参与国家职业技能标准、行业（企业）评价规范、鉴定评价题库的开发建设，为加强四川特色职业标准体系建设，构建多元评价体系提供基础支撑。

16. 拓展技能人才职业发展通道。支持符合条件的高技能人才参加职称评审，推动高技能人才与专业技术人才贯通发展。对获评中华技能大奖、全国技术能手、国务院特殊津贴的专家，国家级技能大师工作室领办人、世界技能大赛铜牌及以上获得者等高技能人才，可按规定破格申报评审高级职称。鼓励企业建立健全职业资格、职业技能等级与专业技术职务比照认定制度。各类用人单位对在聘的高级工以上高技能人才在学习进修、岗位聘任、职务职级晋升、评优评奖、科研项目申报等方面，可按相应层级专业技术人员享受同等待遇。

（六）实施技能激励工程

17. 努力提高技能人才地位待遇。将高技能人才纳入党委联系专家范畴，加大高技能人才在各级人大代表、政协委员中的比例。落实《技能人才薪酬分配指引》，引导企业建立健全体现技能价值激励导向的薪酬分配制度。指导企业对技能人才建立岗位价值、能力素质、业绩贡献的岗位绩效工资制，合理评价技能要素贡献。同时，鼓励企业对技能人才特别是高技能领军人才实行年薪制、协议薪酬、专项特殊奖励，按规定探索实行股权激励、项目分红或岗位分红等中长期激励方式，并结合技能人才劳动特点，统筹设置技能津贴、师带徒津贴等专项津贴，更好体现技能价值激励导向。落实技工院校全日制高级工、预备技师（技师）班毕业生在参加事业单位招聘、应征入伍和国有职称评审、职级晋升等方面，分别按照大学专科、本科学历毕业生享受同等待遇新政。

18. 健全高技能人才表彰激励机制。健全以政府为导向，用人单位为主体，社会为补充的技能人才表彰激励体系。构建以"天府卓越工程师""天府工匠"为塔尖，"四川技能大师""四川省技术能手"为塔身，各市（州）技能大师、技术能手等高技能人才评选表彰为塔基的评选表彰体系，鼓励有条件的地区制定并落实配套政策措施。持续实施天府青城计划，开展四川省优秀高技能人才评选表彰活动，按规定颁发奖牌、荣誉证书和相应奖励。广泛开展高技能领军人才技能研修交流、休疗养和节日慰问活动。选树一大批有代表性的优秀高技能人才和单位，激励技能人才和优秀单位创先争优。

19. 营造技能成才良好氛围。广泛开展高技能人才进机关、进园区、进企业、进院校"四进"活动，适时组织中省媒体技能采风、高技能人才宣讲团等活动，大力弘扬劳动精神、劳模精神、工匠精神。支持开展以技能人才培养和素质提升为重点的基础研究，形成一批四川特色理论研究成果。定期开展技能人才论坛，打造四川技能人才氛围营造主阵地，讲好技能成才故事、研究技能形成规律、传播技能文化，引导广大劳动者特别是青年一代技能成才、技能报国。

五、组织实施

（一）加强组织引导。加快构建党委领导、政府主导、政策支持、企业主体、社会参与的高技能人才工作体系，完善组织部门牵头抓总、人社部门组织实施、相关部门各司其职、行业企业和社会各方广泛参与的工作机制。各市（州）加大技能四川宣传力度，精心策划宣传，广发宣传。建立定期报告制度、评估制度和数据统计制度，加强对各项计划的跟踪管理和评估考核。

（二）加大工作投入。各地要加大技能人才工作投入力度，按规定统筹使用职业技能提升行动专账资金、就业补助资金、人才专项资金等各类资金，发挥好政府资金的杠杆作用，推动建立政府、企业、社会多元化投入机制，强化保障能力。

（三）加大宣传引导。各地要加大"技能四川行动"宣传力度，精心策划宣传活动，认真解读重大政策，注重收集"技能四川行动"实施过程中的典型经验和成功做法，及时总结宣传推广，为打造一支享誉全国的"天府工匠"队伍，建设支撑四川高质量发展的"技能川军"营造良好氛围环境。